恩納村コープサンゴの森（恩納村漁協提供）

モズクの収獲（恩納村漁協提供）

前兼久（まえがねく）漁港（恩納村漁協提供）

恩納漁港（恩納村漁協提供）

コープCSネット「もずく基金」産地視察・交流会　2019年（コープCSネット提供）

里海カンファレンスin恩納村2019（恩納村提供）

恩納村美ら海産直協議会総会　2019年（パルシステム連合会提供）

コープCSネット「もずく基金」贈呈式　2020年

沖縄恩納（おんな）村・サンゴまん中の協同（ゆいまーる）

――恩納村漁協・生協（コープ）・恩納村・井ゲタ竹内の協創

西村一郎

同時代社

巻頭歌

碧い海　珊瑚の唄に　舞う水雲

沖縄恩納（おんな）村・サンゴまん中の協同（ゆいまーる）／目次

表紙写真は恩納村漁協提供

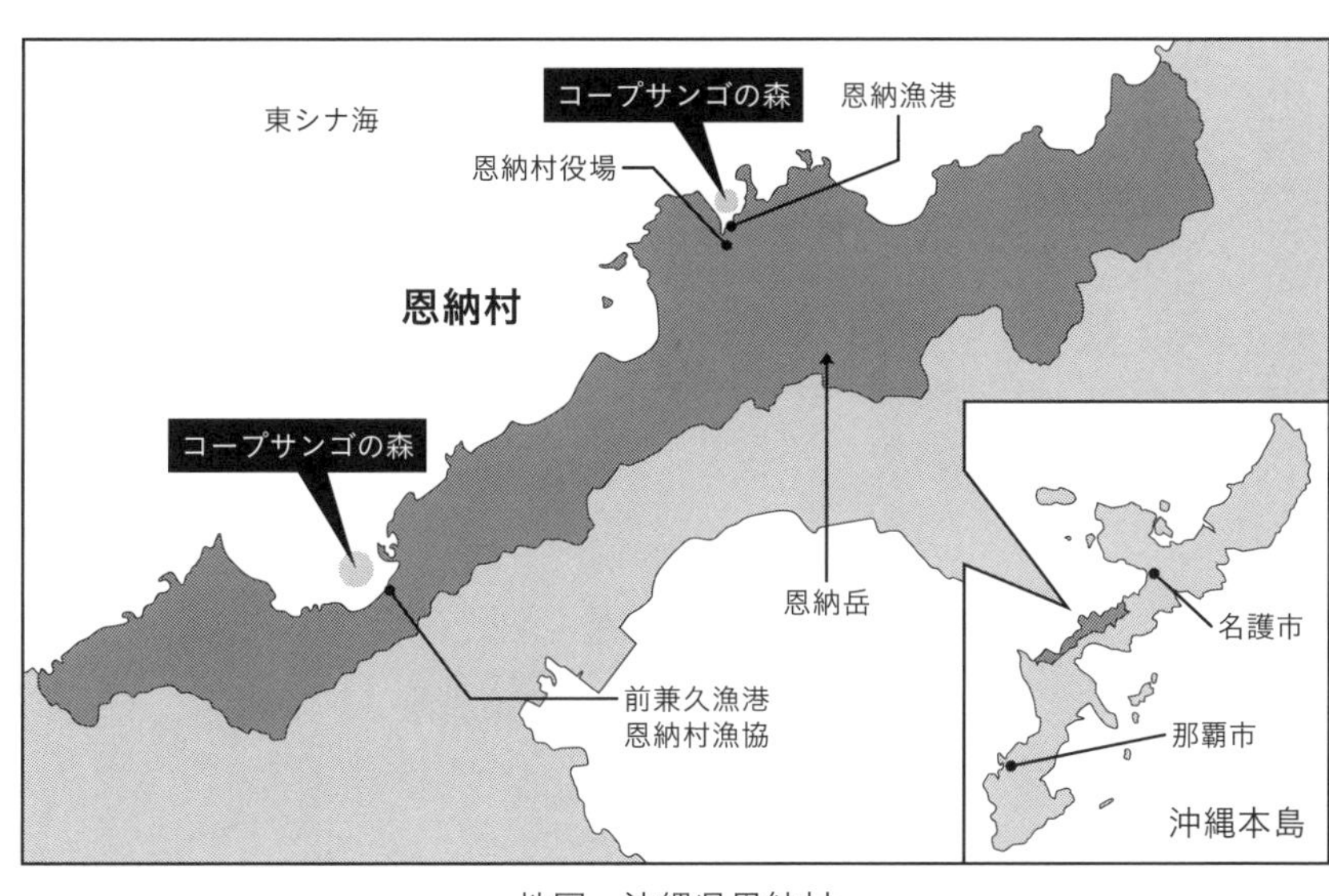

地図　沖縄県恩納村

協同の力でサンゴのさらなる再生を

恩納村コープサンゴの森連絡会会長、
パルシステム生活協同組合連合会代表理事専務理事
渋澤温之（あつし）

パルシステムは、『ともにくらし、ともにいきる』商品づくりや交流を通じ、つくり手と食べ手、地域と地域をつなぎ、持続可能な社会づくりを目指してきました。世界が様々な課題に向き合っている今、SDGs（エスディージーズ）の掲げる「誰ひとり取り残さない」と同じ方向を見据え、身近なくらしの視点から共生社会の実現をめざしています。「たべる」「つくる」「ささえあう」ともに生きる地域づくりをパルシステム2030ビジョンで掲げました。二〇〇九年に設立された恩納村美ら（ちゅら）海産直協議会の取り組みは、まさに生協活動における生産者と生み出す里海の価値の協創であり、「たべる」ことの大切さを伝えあい、安心で心豊かな食を地域に広げ、地域をともに「つくり」持続可能な生産と消費を確立するものと信じています。

恩納村コープサンゴの森連絡会副会長、生活協同組合連合会コープ中国四国事業連合理事長

小泉信司

私たちのサンゴ礁再生事業「もずく基金」の活動は、生協しまねさんからの呼びかけによりスタートし、一一年目を迎えました。組合員さん一人ひとりの思いが一つになり、このような意義ある大きな活動に発展したことに、改めて組合員さんの力・生協活動の素晴らしさを感じています。

生産者（恩納村漁協）・メーカー（井ゲタ竹内）・消費者（生協）・行政（恩納村）が一体となって進め、サンゴの移植も三万五千本を超え、そのサンゴが産卵して近海へ広がっているし、恩納村とのパートナーシップ協定締結により、現在では赤土流出防止の対策等さらに大きな活動へと広がりを見せています。

私達が全国の生協の仲間と築き上げてきたこの活動が、今回を機会により多くの職員・組合員に理解され、さらに発展することを願っています。

1　はじめに

第四回恩納村コープサンゴの森連絡会総会

沖縄の守り神であるシーサーが、笑顔で右手を挙げ招いています。後ろの白い砂浜の先には透明感のある薄いパステルブルーがあり、その沖に濃いコバルトブルーの海が広がっています。沖縄本島の中部にある恩納村海浜公園のナビビーチの映像が、しばらくモニターに流れていました。

「ただ今から、第四回恩納村コープサンゴの森連絡会総会を始めます。例年のように恩納村に集まることはコロナの影響で残念ながらできず、今年はリモートで全国各地の皆さんとつながっています。初めての試みで、私も緊張していますがよろしくお願いいたします」

恩納村海浜公園　ナビビーチ

モズク加工の株式会社井ゲタ竹内常務取締役の竹内周さんが、コロナ対応でマウスシールドを着け手にしたマイクに向かって話し始めました。

二〇二〇年（令和二年）一二月上旬の午後は、日差しが強く半袖でも暑いくらいでした。恩納村の「ふれあい体験学習センター」から、「恩納村コープサンゴの森連絡会」の各生協などとインターネットでつながっていました。

この連絡会は、恩納村のモズク利用でサンゴ再生を支援し、協同の力で海の環境を守り豊かな里海づくりをしています。

私にとっては、一ヵ月前のコープ中国四国事業連合（コープCSネット）による基金贈呈式につぐ二回目の恩納村訪問で、恩納村漁協・各地の生協・恩納村・井ゲタ竹内の素晴らしい協同に触れることができ、今回もワクワクしていました。

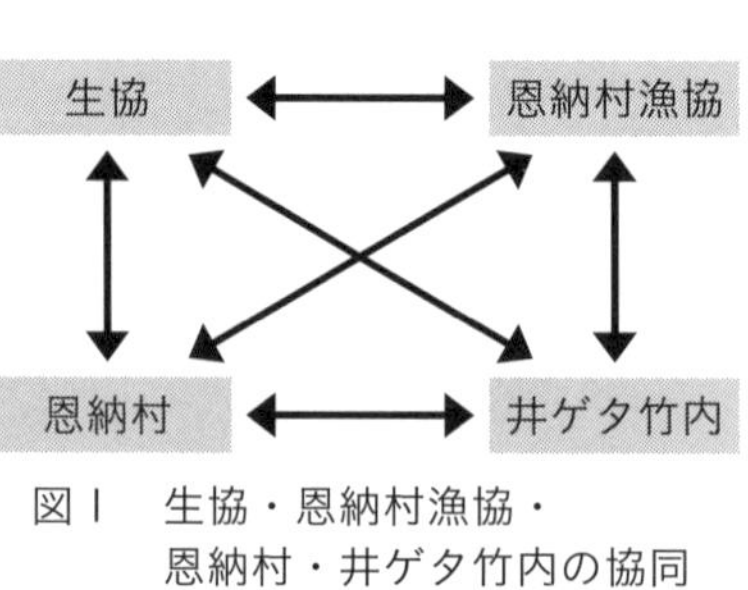

図１　生協・恩納村漁協・恩納村・井ゲタ竹内の協同

リモートでつながっている各地の生協は以下です。

①東海コープ事業連合、②コープ北陸事業連合、③コープこうべ、④コープ中国四国事業連合、⑤鳥取県生協、⑥生協しまね、⑦コープやまぐち、⑧コープかがわ、⑨おかやまコープ、⑩コープしが、⑪大阪よどがわ市民生協、⑫京都生協、⑬アイチョイス、⑭コープぎふ、⑮コープみえ、⑯パルシステム連合会、⑰パルシステム東京、⑱パルシステム神奈川、⑲パルシステム千葉、⑳パルシステム埼玉、㉑パルシステム茨城栃木、㉒パルシステム福島、㉓パルシステム新潟ときめき、㉔パル・ミート。他には恩納村役場、恩納村漁協、鳥取大学にも通じていました。

竹内さんの後ろの大きな窓は、琉球紅型（びんがた）のオレンジ色の布で覆い、中央には一メートル四方の紺の旗があり、白抜きのサンゴと魚のイラストの下にはfor coral protection（サンゴ保護のために）とありました。

連絡会の会長であるパルシステム連合会専務理事の渋澤温之さんが、東京から開会挨拶をしました。

「コロナが収束しない中、オンラインで全国とつながって総会を開催できることに感謝します。オンラインを有効に使うことで、これまで会えなかった遠くの方とも会話ができるなど、逆にチャンスとすることもできます」

恩納村コープの森連絡会総会　2020年
右から２人目が竹内周さん

　連絡会事務局長でコープCSネット専務の塩道琢也さんは、広島市から二〇二〇年度の活動報告をしました。

「おかげさまでサンゴの養殖は、今年の予定本数二九八〇本を合わせると累計で約三万五〇〇〇本になります。顔が見え心の通い合う関係を生協は大切にしてきましたが、コロナ禍により新しいつながりを試行することになりました」

　次にパルシステム連合会常務執行役員の高橋宏通さんから、「コロナ禍における産地と消費者をつなぐ取り組み」のテーマで事例報告がありました。

「いつでも誰でもどこでもリモートで、組合員交流や産地交流のできる取り組みをしてきました。オンライン交流会の注意点は、システム・テレビ会議との違い・器材・役割りと任

サンゴハウス

務・シナリオ・リハーサル・チャットで質問の受付けです」

連絡会顧問の恩納村の長浜善巳(よしみ)村長は、白地にブルーのアクセントが付いた沖縄の正装のかりゆしウェアで、村の状況を報告しました。

「今年の三月からコロナの影響が出て観光客がいなくなり、村の風景が一変しました。それでも村の漁協やダイビング協会と協力し、海の清掃を一ヵ月間して数十トンのゴミを集め、海の現状や私たちの活動の大切さを改めて実感しました。

また全国の皆様が、いつかは来ていただける日が必ずあります。マッチョイビンドー（お待ちしております）」

次は恩納村漁協前青年部長の金城勝さんがビデオに登場し、陸にセットしてある大きな水槽で網へのモズクの種付けや、種付けした網を船で海へ運ぶ様子を伝えていました。移動中の網は、布で覆い海水を掛けるなど温度管理をしています。

画面が変わり今度はリモートによるライブ配信で、恩納漁港のサンゴハウスからの中継となりました。軽量鉄骨製の細長い小屋の中に、間口四メートルで奥行き二〇メートルほどのコンクリート製の低い水槽があり、色とりどりの魚やサンゴがいました。

井ゲタ竹内で営業担当の道端和陽さんが、自撮りのスマホで全国に繋いで解説をしてくれました。

「ナマコなどに触ることのできるこのタッチプールは、全国の生協から来た組合員さんたちが、サンゴの苗をセットする場所でもあり、また村の小学生たちも授業で訪ねたりしています」

　恩納村漁協の海ブドウ生産部長の与那嶺豊さんが、水槽の案内をしてくれました。

「養殖用の基台にセットしたサンゴの小さな苗は、ここで一週間ほど養生してから海へ移し、三年経つと大きくなって産卵するようになります。ある大学の研究室に協力してもらい、サンゴがどれだけ二酸化炭素を吸って酸素を出すのか調べています」

　休憩の後は、恩納村の直売所「なかゆくい市場」を運営する株式会社ONNA社長與儀繁一さんから、恩納村ブランドの紹介がありました。

「恩納の恩は『めぐみ』とも読み、村の恵みを心込めてお届けするため、黒ビールとパッションフルーツ風の赤ビール、パッションフルーツ・ティー、スープカレーを販売し、これからも恩（MEGUMI）シリーズを出していきます」

　各商品は、会場の大きなテーブルにパイナップル・マンゴ・スターフルーツと一緒に並べ、ほのかな甘い香りが漂っていました。

　次は「蜂蜜とサンゴのプロジェクト」（Honey & Coral Project）について、恩納村環境コーディネーターの桐野龍さんからの報告でした。

「サンゴ礁の海を守るミツバチのプロジェクトで、サンゴに悪影響する赤土流出を防ぐため農地の周囲に植物を植えます。その植物の花からミツバチで蜜を集めて商品とし、またはイネ科の一つのベチパーを使って正月用のしめ縄にもします。残念ながら死滅した養殖サンゴを、中央に付けた独自のしめ縄です」

テーブルの上には、そのしめ縄も飾ってありました。

次のメッセージはアメリカからで、環境に配慮したサーモンの資源管理をしている男性が、会場の通訳者を通して貴重な活動を伝えてくれました。

二時間ほどで予定した報告は全て終わり、連絡会副会長でコープCSネット理事長の小泉信司さんが、沖縄のお酒である泡盛のボトルを高くあげ広島から閉会の挨拶をしました。

「二時間も有意義で楽しい総会をお疲れ様でした。届いている飲み物を、各自で持ちカメラに向かってください。私は、飲みませんが泡盛でいきます。ではカンパーイ！」

全国の参加者には、ハニー&コーラル・プロジェクトの蜂蜜一〇グラム、沖縄県産のシークヮーサージュース三五〇ミリリットルと水のペットボトル五〇〇ミリリットル、恩納村内で製造の泡盛萬座古酒(クース)二〇〇ミリリットルが届き、好みの飲み物を笑顔で手にしていました。

オンライン画像による記念撮影があり総会は終了しました。

海外を含め約三〇ヵ所の集合画面を見ながら私は、恩納村のモズクとサンゴを中心にした取り組みが、いくつもの協同による地域づくりへつながっていることに感激したものです。

協同がよりよい社会を築く

この連絡会には大別すると、生協以外に恩納村の漁協と役場や井ゲタ竹内の四団体が登場し、モズクとサンゴについて恩納村漁協は生産と再生を、生協は消費と支援を、恩納村役場は環境を、井ゲタ竹内は商品化の役割をそれぞれが担っています。この四者が、いくつもの協同で発展させてきた恩納村のモズクとサンゴには、偶然を必然に変えた物語があり、同じ夢を仲間と見る人たちがいます。個人で見る夢は幻にもなりますが、仲間と一緒に見る夢は協同して実現する一歩となります。

恩納村における養殖モズクの流れを年代でみると、大きくは以下の三区切りで今日へ発展しています。

①一九八四年（昭和五九年）からの養殖モズクの基礎創り：恩納村漁協と井ゲタ竹内の協同

②二〇〇五年（平成一七年）から生協への販路を確保した商品の流通：生協と恩納村漁協と井ゲタ竹内の協同

③二〇一〇年（平成二二年）からモズクとサンゴの取り組みが恩納村全体の活性化へ：恩納村と生協と恩納村漁協と井ゲタ竹内の協同

まるで三段跳びのホップ・ステップ・ジャンプのように、恩納村のモズクとサンゴの取り組みは力強く進んできました。

モズクの取り組みが前提となり、二〇〇八年（平成二〇年）に生協しまねにおける〈もずく基金〉設立によって、サンゴ再生支援の輪は各地の生協へと広がり、二〇一六年（平成二八年）の環境大臣賞にもつながっています。モズク利用の個人の食事が社会テーマであるサンゴ保護の環境保全へと大きく発展し、これこそ生協法で国民に求められている生協の役割りの一つです。

ところで複数の人や団体が互いに助け合う協同の考えは、行き過ぎた経済優先の競争社会において、いくつもの問題を解決するため各方面から注目されています。

一例が、協同組合を世界中で普及させるため国連が決めた二〇一二年（平成二四年）の国際協同組合年で、スローガン〈協同組合がよりよい社会を築きます〉を宣言しているのです。一八九五年（明治二八年）設立の国際協同組合同盟（ＩＣＡ）には、一一二ヵ国から農業、漁業、林業、購買、金融、共済、就労創出、医療、旅行、住宅など三一八の組織が加盟し、組合員総数は一〇億人にもなります。

組織や人における競争は、勝ち組と負け組をつくって上下関係にし、格差や不安を広げ社会や人々を分断します。これに対し協同は、対等で平等な関係を大切にし、誰もが安心して夫々の力を発揮することができます。このため国際協同組合年のスローガンを発展させ、「協同がよりよい社会を築きます」としても良いでしょう。

そうした協同は、一つの絶対的な進め方や形があるわけでなく、関わる人や団体の諸条件に応じて多種多様で、また環境の変化によっても変わります。複数の協同組合の間では協同組合間協同があり、例えば消費生活協同組合と農業協同組合（ＪＡ）は、農作物の産直において全国各地で連携しています。さらには生協と志を同じくする会社や行政などとも、いくつも形を変えた協同が存在します。それでも食料に関わる協同では、協同組合間協同と会社の参加が一般的で、行政が加わることはほとんどありません。

ところが恩納村のモズクとサンゴを中心にした協同は、恩納村コープサンゴの森連絡会の設立だけでなく、村による「サンゴの村宣言」や内閣府によるＳＤＧｓ未来都市認定などにも発展し、行政も含め地域おこしの貴重な成果をあげつつあります。国連が提唱するよりよい社会をつくる貴重な事例でもあり、これからの協同の一つのモデルになります。

恩納村のモズクとサンゴに関わる四団体のいくつもの熱い協同を紹介させていただき、取り組みのさらなる広がりにつながってほしいし、他の団体にとってもきっと参考になることでしょう。

2 モズクの基礎創り

恩納村漁協と井ゲタ竹内の協同

恩納村漁協でのモズク漁は以前からあり、独自に養殖もしていましたが、あくまで小規模な生産でした。今日につながる取り組みは、恩納村漁協と井ゲタ竹内の出会いによる一九八四年（昭和五九年）からの第一段階で、恩納村のモズクの品質管理を高め、商品として安定的に社会へ出す基礎づくりが協同によって進みました。

養殖モズクの生産量を増やし安定した漁業経営にしたい恩納村漁協と、高品質のモズクを大量に求めていた井ゲタ竹内の願いが一致し、日本一のモズクを消費者へ届けるため最初の協同がスタートしたのです。

竹内さんは頻繁に恩納村漁協を訪ね、逆に漁協から井ゲタ竹内を訪ねたこともあり、対等の関係で率直な意見交換をして信頼を高めてきました。

網の切れ端などの異物混入を減らす品質管理をし、納入価格は不安定な市場相場で決めるのでなく、生産コストなどにも配慮した漁協の提示する価格で、井ゲタ竹内が約束した期日にきちんと支払っています。

こうして双方が相手を信頼しているので、どちらかが有利になろうと駆け引きする必要はありません。

モズクとは

ところでモズクは、熱帯から温帯の浅い海に分布する褐藻綱（かっそうこう）シオミドロ目ナガマツモ科に属し、数十センチほどの長さで直径は数ミリの枝分かれした細長い糸状の海藻（かいそう）で、他の褐藻類に付くため「藻付く」の名がついた説があり、漢字では藻付とも書きます。光が届く海の浅い場所に日本では冬から春にかけて育ち、夏には他の海藻類と同様に枯れ、海中では褐色ですが熱湯に入れると緑色になります。

太モズク（井ゲタ竹内提供）

近年は国産モズクの九五％以上が沖縄産で、また九割が養殖です。ワカメのような歯応えがあり、ぬるぬるとして強い粘りには、体に良いとされるフコイダンやアルギン酸が多く含まれています。またミネラルやビタミンも豊富な健康食品として、土佐酢や三杯酢などで食べたり、天ぷらにしたり吸い物や雑炊などにも利用します。

モズクは私も好物の一つでよく口にし、まずは糸モズクの三杯酢味のパックです。柔らかくてヌメリがある糸モズクは、すっきりした酸味で酢の香りが口の中に広がります。そのままでも美味しいですが、小鉢に入れキュウリやトマトの薄切りを乗せると、彩が美しく食欲をさらに増します。また私は、納豆にモズクを加えて食べたり、それを食パンに広げて簡単な食事にすることもあります。

同じ味付けで太モズクもあり、コリコリとした歯応えのある食感を味わうことができます。味付けでは、カツオブシの風味をきかせた土佐酢と生のゆず果汁や、三杯酢にシソの香りで酸味をおさえたものもあれば、純玄米黒酢を蜂蜜で和らげて食べやすくした商品もあります。

また恩納村だけで生産している恩納モズクは、太モズクと糸モズクの良さを兼ね備え、ヌルヌルとシャキシャキの食感を楽しむことができ、三杯酢の他に紀州梅やゆず入り土佐酢の味もあります。

こうしたパックの大半は四五グラムから五五グラムです。

モズクの茎は繊維質で、海産物としてナトリウムやカルシウムなどのミネラルが豊富な他に、ヌメリの成分であるフコイダンが医学界で注目され、抗癌（がん）作用、免疫力強化、コレステロール低下などの研究が進んでいます。

またフコダインは肌にも効果的で、他に多糖類のアルギン酸は高い保湿性があり化粧品にも入っています。

このためモズクは、健康と美容を守り手軽に利用できる優れた食品です。

モズクの商品化にいち早く取り組んだ井ゲタ竹内

日本でモズクの商品化をいち早く手掛けたのは、鳥取県境港市にある海産加工品製造の株式会社井

井ゲタ竹内（井ゲタ竹内提供）

ゲタ竹内です。

二〇二〇年（令和二年）九月に私は、羽田空港から米子鬼太郎空港へ飛び、ＪＲ境線を利用して井ゲタ竹内の本社を訪ねました。境線の各駅には妖怪の名前が付けてあり、最寄りの馬場埼町駅は沖縄に伝わる樹木の精霊のキムジナーでした。

井ゲタ竹内の会議室の壁に以下の社是が掲げてあります。

一、心をこめた商品を作り社会の潤いとなる
一、創意・計画・勇気をもって希望に燃える会社とする
一、社員相互の融和をはかり信頼と秩序のある会社とする
一、各自の能力を最大に発揮し全従業員の生活向上を期す

横の社訓には、〈正直を根本とする。信用を重んずる。人の和を尊ぶ〉とあり、会社の姿勢がよく分かります。

一九四七年（昭和二二年）に井ゲタ竹内は、〈自然が生きている食品をつくりたい〉目的で佃煮製造業を始め、一九五〇年（昭和二五年）に会社を創立しました。純粋で自然な食品のため日持ちが短く、流通業が扱ってくれず自ら売り歩く日々が続きました。そうした中で島根県隠岐の島の良質な天然モズクを使い、全国に先駆け味付けモズクを開発したのです。

対応してくれた竹内周常務から、会社の理念や創業時のことを聞きました。

「私どもは、自然が備えている味や香りや栄養を大切にして製造し、自然と人に対し常に誠実である

ことが根本です。

以前の天然モズクは塩モズクが一般的で、産地近くの家庭が利用していました。それをもっと多くの方が手軽に食べて頂きたいと、日本初の家庭向け味付けモズクを一九七一年（昭和四六年）に開発しました。

ところが天然モズクの水揚げは全国的に年々減少し、隠岐の島産も不安定となり新たな仕入れ先が必要になったのです」

消費者が健康を意識してモズクが売れだしたこともあり、井ゲタ竹内は原料の確保が大きな課題となっていたのです。

恩納村漁協と井ゲタ竹内の出あい

そこで竹内さんは、鳥取県水産試験場から沖縄県水産試験場を紹介してもらい、沖縄県の全漁協に足を運びました。竹内さんの当時の話です。

「沖縄本島だけでなく離島も含め、全ての漁協を訪ねたのは一九八四年（昭和五九年）でした。当時は沖縄戦の体験者がいて、戦争で捨て石にされたことで内地の人に対する不信感があり、沖縄にどう向き合っているのか私も鋭く問われたものです。

糸モズクの養殖の産地を探しましたが、どこも引き受けてくれません。沖縄の太モズクは、味噌汁やかき揚げでよく食べていますが、糸モズクは成長が早くすぐ筋が入ってまずくなり、沖縄で食べる習慣もなくて価値のない雑藻でした。

恩納村漁協だけは、他と違って反応があったのです。役員が若く三〇歳代の私と同世代でチャレンジ意欲があり、問題点をホワイトボードに書き分類して課題を整理するKJ法で活発な議論もし、前向きな姿勢でした。水田が少なく干ばつを繰り返してきた村には、困難を乗り越えるため挑戦する伝統がありました。そこで恩納村漁協は、難しく手間もかかるが将来性のある糸モズクの養殖を決め、私たちとの関係がスタートしたのです」

その頃に漁協は、県漁連に一括してモズクを納めていましたが、品質の評価基準がなく他の劣る品と混ざり、また買い手主導にも不満でした。新しい取り引き先を漁協が探していたので、竹内さんが訪ねた時は双方に良いタイミングだったのです。

一九八六年（昭和六一年）に、恩納村漁協と井ゲタ竹内でモズクの取り引きは始まりましたが、けっして順調でなかったと竹内さんは話してくれました。

「我社の信用が漁協になく、メインバンクから支払いは約束通りするとの文書を出してもらいました。

当初はいくつかの漁協とモズクの取り引きをし、恩納村は三割でした。村で塩蔵したモズク一八キログラムを一斗缶に入れて密封し、コールドチェーンがまだ整備されず、鳥取県まで常温で運んでいました。一九九一年（平成三年）に約三〇〇〇缶の全てが発酵して膨らみ、商品にできない大問題が発生しました。すぐ漁協の役職員が来て問題を確認し、漁協の責任で全てを回収してもらったものです。モズクの水切りが不十分で塩分濃度が低くなり、雑菌の増えたことが原因でした。迅速な誠意ある対応で、水切りをしっかりして同じ事故は再発していません。

こうして恩納村漁協と我が社の信頼関係を強め、社内で反対意見もありましたが、一九九二年（平成四年）からモズクの仕入れは一〇〇％恩納村に絞り、強固な関係へと発展させました」
堅い信念が竹内さんにあったようです。

信頼関係のさらなる構築

モズクは一九九八年（平成一〇年）に大不作となりましたが、テレビで健康食品と紹介されて話題になり、モズク市場が急速に広がりました。そこで二〇〇五年（平成一七年）には、大型スーパーマーケットの主導でモズクの低価格競争が激しくなり、仕入れ値にも大きく影響します。二〇〇九年（平成二一年）には、モズク生産者があまりの低価格に抗議し、一部の産地で出荷拒否が起こりました。そうした中で恩納村漁協と井ゲタ竹内では、双方が納得する方法を相談して決めたと竹内さんが語ってくれました。

「生産者は高く売りたいし、逆に加工業者は安く買いたい気持ちがあります。恩納村漁協と私たちはそうした対立関係でなく、一人でも多くの消費者が満足し利用してくれる共通の目的のため、品質の良いモズクを育て美味しい製品にすることで、互いの役割を磨いて一緒に日本一へなろうと話し合いました。

そのためには生産者の技術の向上と生活の安定が必要で、意識改革し構造を作り直すことにしました。そこで消費者のニーズや商品に求める期待が、生産者へ十分に伝わってないと考え、品質基準の明確化と各自の品質評価を生産者へ返し、一人ひとりの生産者の品質改善と全体のルール化をしたのです」

その一つが消費者の安全を求める声に応え、生産から消費までの商品の流れを確認するトレーサビリティの確立で、いつ・誰が・どの海域で水揚げしたかを以下のように記録しています。

①各生産者が水揚げしたモズクは、品質確認後に良品のみを漁協は受け入れ、収穫日・生産者名・海域・収穫量・特記事項などを記録します。

②生産者別にモズクを食塩と混合してタンクに保管し、貯蔵日時と量を記録します

③貯蔵タンクから塩蔵脱水したモズクを出して一斗缶に入れ、蓋に管理情報を印字します。

④パレット積みもルール化し、決めた順番に積みサンプリングします。缶のロット番号から、モズクの収穫日・生産者名・収穫した場所が分かります。

このため異物混入が発生したときは、その商品から生産者を特定し改善策を具体化します。

生産者の努力を見える化したことも、竹内さんは解説してくれました。

「網の切れ端と小さなエビなどの異物混入や、品質の客観的な評価を生産者全員に開示し、出てきた課題は生産者全員で検討し改善してきました。

毎年の生産者会議で品質優秀者五名を表彰させていただき、生産者の努力が報われ品質向上意欲が高まるように応援しています」

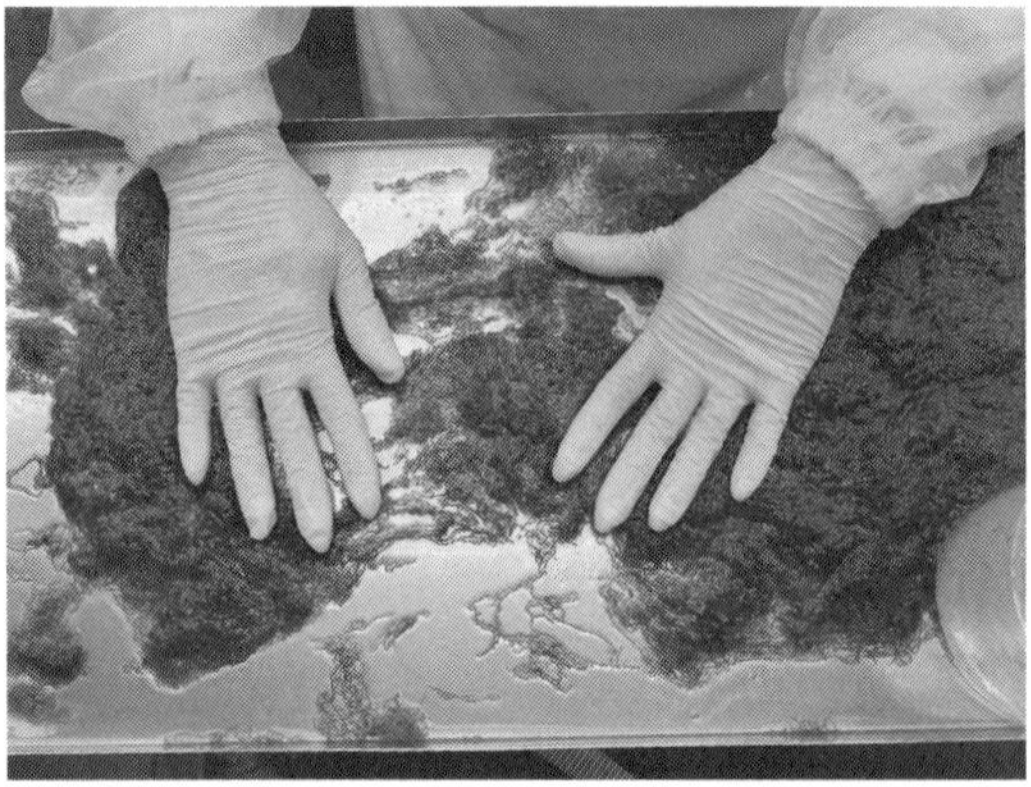

モズクの選別作業（井ゲタ竹内提供）

生産者の生活の安定も信頼関係には大切で、漁協の決めた生産者を守る価格で井ゲタ竹内が一括仕入れで支払いし、海人（うみんちゅう）たちは安心してモズクの計画生産ができることもポイントの一つです。

恩納村漁協におけるモズクの取り扱い

天然のモズクが昔からある沖縄の各地では、季節になると採って食べ恩納村も同じでしたが、天然では天候に左右され収量が少なく不安定でした。そこで生産量を安定して増やそうと恩納村漁協は、モズク養殖の技術開発を以下のように進めてきました。

一九七三年（昭和四八年）モズク増殖試験開始
一九七六年（昭和五一年）モズク養殖研究グループ発足
一九七七年（昭和五二年）モズク種苗（しゅびょう）生産施設設置
一九八二年（昭和五七年）モズク生産部会設立
一九八六年（昭和六一年）糸モズク取扱い開始
一九八八年（昭和六三年）モズク洗浄機設置
一九九二年（平成四年）モズク種苗供給施設を恩納漁港に設置

これらは決して簡単なことではありませんでした。まずは海人の組合員に支えられた恩納村漁協があり、モズクの前に海ぶどうの養殖の成功がありました。

恩納村漁協を訪ねて

沖縄本島中部の西側で南北に細長く伸びる恩納村には、南から真栄田、前兼久、恩納、瀬良垣の四漁港があります。一番大きな前兼久漁港が中心で、国道五八号線に沿った海側の敷地は、小さな竜宮の島を抱くコの字型に広がり、漁協事務所の他に大型冷蔵庫・水産物荷さばき施設・モズク種苗小屋・巻揚げ施設・海ぶどう養殖施設などが並んでいます。

前兼久漁港のモズクの陸揚げ

なお漁協は、一九四八年（昭和二三年）制定の水産業協同組合法により、漁民や水産加工業者の協同組織の発達を促し、その経済的社会的地位の向上と水産業の生産力の増進を図り、国民経済の発展が目的です。

私が最初に前兼久漁港を訪ねた二〇二〇年一一月上旬は、多数の船をつないだ岸壁から下を見ると、澄んだ碧い海に小魚が見えました。

事務所で組合長の金城治樹さんと指導担当職員の仲村英樹さんから、漁協の歴史や概要について教えてもらいました。

金城組合長からは漁協の歴史です。

「元々は名護漁協の一部でしたが、本土復帰二年前の一九七〇年（昭和四五年）に分離して恩納村漁協を設立しました。

詳しい理由を私は知りませんが、名護と恩納では海の環境も違うので、地域にあった独自の漁業をするためだったのではないでしょうか」

仲村さんからもらった二〇〇一年（平成一三年）の『恩納村漁業協同組合創立三〇周年記念誌』に、当時の組合長による以下の挨拶文があります。

〈以前は、恩納村に非出資組合しかなく、漁業活動を行う上で支障がありました。そこで、（略）昭和四五年に、恩納村漁業協同組合設立総会を開催しました。（略）

漁業形態はいたって零細でした。その後、研究グループによりアーサ、モズク、海ぶどう養殖と藻類養殖が確立します。また昭和六二年の営漁計画策定を機会に、資源管理型漁業への転換が行われました〉

前向きな強い意志を伺うことができます。合併して規模拡大し行政からの補助金を多くして経営を安定させる風潮の中で、逆に小規模にしてでも地元の条件にあった漁業を選んだことは重要な判断です。

海人と協力した恩納村漁協の研究は、アーサが七年間の試験を経て一九七六年（昭和五一年）に初生産、太モズクは四年間の試験で一九七七年（昭和五二年）に初収穫、海ぶどうの陸上養殖は六年間の試験を経て一九九四年（平成六年）に成功、独自の恩納モズクは一四年間の試験後の二〇〇七年（平成一九年）に品種登録を出願するなど、通常の仕事をしながらりっぱな成果を次々にあげています。

行政や大企業などに頼んで事業を進める要求追求型でなく、仲間との協同で課題に取り組む要求実現型は、漁協や生協など協同組合における大切な進め方です。

漁協が協同組合の理念を大切にしているのは、仲村さんが「毎年の総会議案書のトップに、必ず協

金城治樹さん（恩納村漁協提供）

仲村英樹さん（恩納村漁協提供）

同組合の定義を入れ、皆が大切な協同を忘れないようにしています」と強調していたことでも分かります。その全文は以下です。

〈協同組合の定義　協同組合とは、人々の自治的な協同組織であり、人々が共通の経済的、社会的、文化的なニーズと願いを実現する為に自主的に手をつなぎ事業体を協同で所有し、民主的な管理運営を行うものです。

恩納村漁業協同組合　組合とは組合員が組合の事業を利用することにより、組合員の相互扶助と福利の増進を図ることを目的とする。そして組合員は、地域社会に貢献する事を理念とする〉

恩納村漁協は設立から五〇年以上が経っても原点を大切にし、協同を重視した素晴らしい運営をしています。

恩納村漁協の概要

コロナの影響のない二〇一九年（令和元年）度の漁協の概要は以下です。

事業高　一三億七〇〇〇万円

恩納村漁協の総会　2017年（恩納村漁協提供）

組合員　正規組合員一一二人　准組合員一三四人　計二四六人
　　平均年齢四九歳

組合員組織
　恩納村漁業振興会：七部会（青年部、モズク生産部、アーサ生産部、海ぶどう生産部会、貝類生産部、観光漁業部、サンゴ養殖部会）

職員　男性一〇人　女性四人　計一四人

全国的に漁業従事者は、危険を伴う重労働の割に収入が低く、高齢化や後継者不足につながっています。ところが恩納村漁協は、冬から春のモズク漁と夏には観光漁業もあり、陸上の海ぶどう生産で身体への負担が少ないこともあって、年間を通した収入があり若い海人が増え後継者が育っています。

農林水産省の二〇二〇年（令和二年）発表では、日本の漁業者の平均年齢は五七歳で、四九歳の恩納村は若者が多く、全国にある九三七の沿海地区漁協の中で後継者問題のない一つです。

集団で研究する漁協

恩納村漁協の強さは、常に集団で研究することです。海ぶどうやモズクやサンゴの養殖を含め、漁協の研究の中心は参事の比嘉義視さんです。

長身の比嘉さんから漁協に就職した頃の話を聞きました。

「琉球大の海洋自然科学科卒業後の私は、二五歳の一九八九年（平成元年）にここの漁協へ入り、モズクや海ぶどうの養殖の研究を始めました。

実験用の施設の資材は漁協で購入してもらい、作業は大工の私の父と興味を示した海人にボランティアでお願いしました。事務所の裏へ縦一〇メートル横五メートル高さ九〇センチの木枠を造り、そこへビニールシートを張り水槽にしました。好奇心旺盛な海人は、自宅にも実験用の水槽を造り新しい技術を模索していましたよ」

比嘉義視さん
（恩納村漁協提供）

「好奇心旺盛な海人」とは銘苅宗和さんで、研究を現場で支えてきました。

恩納村生まれの銘苅さんは、三〇歳までの一五年間は本土で働いた後に帰村し、大工の父親と村にできた観光テーマパークの琉球村の建設で夏場は働き、冬場はモズク漁をしていました。その銘苅さんに、海ぶどう養殖のきっかけを聞きました。

「長時間潜水するモズク漁は体力を使い、身を粉にして働く先輩の高齢化を傍で見て、齢をとっても安心して作業できる新しい海藻の養殖が、若い私たちには切実でした。また台風などにも影響されず、安定して収穫できることも大切でした。

一九八九年（平成元年）に糸満の沖縄県水産試験場を訪ね、陸の水槽で海ぶどうの養殖実験を見て私はこれだと思いましたね。村から片道二時間以上の水産試験場まで、比嘉さんと週に二回以上は通いさまざまな研究と実験を繰り返したものですよ」

当時三三歳の銘苅さんは、五年間も水産試験場へ通って勉強し、自宅の施設でも実験を繰り返した結果、一九九四年（平成六年）に現在の海ぶどう養殖法を完成させました。

海ぶどうは生産が難しい海藻で、新鮮な海流と豊富な酸素が大切で、商品化には粒が揃った房の長さと、小エビなどの混入を防ぐ必要があります。水槽を設置して海水を汲み上げ、空気を送り太陽光を調整して安定生産ができました。成長速度を平均化する棚を水槽の中に作り、網を張って海ぶどうを挟み真鯛用飼料で成長させ、水上自転車の太い樹脂製タイヤを改良した流水水槽などと、低経費で高品質な生産の養殖技術ができました。

二〇一一年（平成二三年）の第一六回全国青年・女性漁業者交流会で銘苅さんは、「沖縄海ぶどうの陸上の歩み　漁協と家族ぐるみでつくりあげた新しい海藻養殖」を発表し、沖縄県初の農林水産大臣賞を受けました。村発行の「広報おんな」は、銘苅さんの以下の話を紹介しています。

銘苅宗和さん

〈去年と同じやり方でやっても失敗することがあります。だから毎日見ないとその成長が分からず、状況が分からないと様々な調整もできません。本当に毎日が勉強で、毎日が勝負。休みはないです〉

銘苅さんの情熱が伝わってきます。

比嘉さんと銘苅さんは、協同して開発したノウハウを希望する人に提供し、一五名で出発した生産者は現在八一名へと増え、さらに他の漁協にも教えて技術は広がっています。

なお海ぶどうとは、熱帯や亜熱帯で育つ海藻クビレズタの一種で、果物のぶどうに似ていることから名が付き、プチプチとした食感でグリーンキャビアとも呼びます。全体は一つの単細胞生物で、沖縄の海水温は年平均が約二五度もあり、引き締まった粒と磯の香りを生んでいます。

私が初めて海ぶどうを口にしたのは、那覇市のある居酒屋において泡盛の古酒(くーす)を飲んだときで、どちらも上品な味で沖縄の豊かな食文化に嬉しくなったものです。

モズクの養殖

海ぶどうの次に養殖法を完成させたのはモズクで、以下のいくつもの協同を毎年繰り返しています。

①生産者会議　全生産者と漁協と井ゲタ竹内で、生産の日程や品質改善などを決めます。全員が納得するまで話し合い、決めれば必ず皆で守ることが基本です。

②種培養　採種し保管したモズクの胞子状の元種を、数千枚の網に付けるため何倍にも増やします。

③網セット　一・二メートル×一八メートルの養殖用の網を、海出しがしやすいように五枚を一セットとします。

④種付け　生産者全員が協力して種を分け、海水と種を加えた水槽へ網を入れ種付けします。

⑤中間育成　浅い海底近くに網を張ります。

⑥本張り　水深約三メートルの海へ移し、透明度が高くて必要な太陽光も届きモズクは成長しま

す。

⑦収獲　網の切れ端などを吸わないようバキュームで作業し、船に吸い上げたモズクは海水を切り籠（かご）に入れ集荷場へ運びます。

⑧種確保と保存　養殖中のモズクから元気な種を選び保管します。生産者会議は毎年九月に開き、糸モズクは翌年の一、二、三月で太モズクは四、五、六月とするなどの収穫スケジュールを確認します。

モズクの種（恩納村漁協提供）

モズクの種付け（恩納村漁協提供）

モズクの養殖にも深く関わってきた比嘉さんの話です。

「太モズクと糸モズクは、名前や形も似ていますが種類は違います。太モズクは、学名オキナワモズクで、糸モズクは学名モズクです。太モズクは天然にありますが、以前の少量の糸モズクは邪魔物扱いで価値はありませんでした。

美味しさや食べ方も異なる食文化を楽しむためと、長期に収穫できれば海人の収入も増えるので、糸モズク養殖の研究を本格化させました」

漁協の研究グループと水産業改良普及所の共同研究で、一九七五年（昭和五〇年）からモズク養殖の試験を始め、一九七七年（昭和五二年）に初水揚げし、その後も改良を繰り返し現在の技術が確立しました。全国で当初約一千トンだった生産量は、二〇〇三年（平成一五年）に約二万トンとなり、その大半を沖縄で占め今に至っています。

異なる種類のモズク養殖について比嘉さんに聞きました。

「元気な糸モズクと太モズクから胞子を集めて保管し、培養して種にします。年間の生産に大きな影響を与えるので、種作りは毎年神経を使いますよ。

モズクは環境の影響を受けやすく、また各地で養殖が始まり生産量が増え価格が大きく変動することもあり、高温に強い種の選別や生育方法を、一〇年間以上も海人や井ゲタ竹内と追求してきました。

その中で偶然にも糸モズクの新種を海人が見付け、恩納モズクと名付けました。種の選別を長年繰り返してきたので、偶然ですが必然だったと思いますね」

偶然を必然と言えるのは、長年の努力があったからです。細くて柔らかい糸モズクや恩納モズクは、太モズクより生産性が悪くて生産者の苦労はありまが、良い品物のため妥協せず難しい課題に挑戦しています。

なお二〇〇六年（平成一八年）発見の恩納モズク一号は、二〇一一年（平成二三年）に登録し、その後も新しい品種を探し続け今は四号を生産しています。

モズク養殖の苦労

モズク養殖でも役割りを果たした銘苅宗和さんの話です。

「四〇年以上モズク漁をし、収獲がごくわずかの年もありましたが、いつもナンクルナイサー（なんとかなるさ）と頑張ってきたものです。そんな中で新しい恩納モズクを見付け、仲間と食べると美味しくて、『すごい上等ヤッサ～、村の海がくれた贈り物サー』と皆で大喜びしました。

きれいな海を守り良いものを作る長年の思いなくしては、恩納モズクに出会えなかったはずですよ」

収穫期の冬場に発達する低気圧で海が荒れ、モズクは切れたり網ごと流されることもあります。また柔らかくて美味しい恩納モズクや糸モズクを、好んで食べるイスズミやアイゴの魚もいて、養殖場の周囲に網を張りますが被害は続いています。

恩納漁港を私が訪ねたとき、銘苅さんは作業小屋の床に座り網を直していました。黒い樹脂製の糸を一〇センチほどの間隔で編んだ二メートル×三〇メートルの網は、海中のモズクの周囲で上下二段にし、重なる部分を結んで使います。

海藻の多かった昔は、魚がそれを食べモズクに被害はありませんでしたが、三〇年ほど前から海藻が少なくなり、魚はモズクを食べはじめ周囲へ網を張っています。それでも魚は隙間を探したり、満潮時に網を飛び越えたりします。また網は破れるので毎年修繕しなくてはなりません。古い糸の何カ所にも白く付いているのは海中の石灰で、ザラザラして強く推すと剥がれました。銘苅さんは網が七〇枚もあり、毎年の修繕にかなりの時間と労力が必要です。

モズク生産部会

『恩納村漁協創立三〇年記念誌』に以下の紹介があります。

〈1　モズク養殖研究グループ

八人のモズク研究グループは、昭和四八年～昭和五一年のモズク増殖礁試験によるブロックの投入、杭打ち、ひび建による養殖の試験をし昭和五二年に初収獲した。

2　モズク養殖の隆盛と価格の暴落

昭和五二年に種苗施設を設置し養殖が推奨され、昭和五三年に県内初で当漁協のモズク入札が実施となり、昭和五五年にモズク加工場を整備し、組合員は昭和五四年度に四八二名へ急増した。しかし、急激な増産で昭和五六年に大暴落が起こり、共販体制が崩壊してモズク養殖は混迷した。

3　モズク生産部会

モズク養殖を建て直すため、昭和五七年に一八七名の加入者でモズク生産部会を設立し、安定生産のため昭和六一年にモズク苗床造成やモズク加工場の機械化とタンク増設をした。

4　地域営漁計画の策定

漁協は窮地におちいったが、品質管理の強化で生産者が団結した昭和六二年でもあった。地域営漁計画を作り、資源管理型漁業へ転換して藻類養殖業や観光漁業の方針を出した。

5　施設整備と網枚数
昭和六三年に太モズクの船上洗浄がされ、モズク塩蔵タンクの増設やモズク洗浄機を設置した。養殖の網枚数は、昭和六三年まで一〇〇枚／人であったが、平成一二年より四〇〇枚／人で内糸モズクは二〇〇枚／人を限度とした。
6　赤土汚染
昭和五五年に大規模な被害となり、被害防止協定書の締結や事前協議体制を整備した。平成八年に漁場汚染があり、抗議し工事を中止させて漁場を回復させ、「自らの漁場は自らが守る」教訓を得た。
7　ブランド化を目指して
平成四年に部会総会で、「組合は生産者を信用する」、「生産者は組合を信用し、組合は独自販売に努力する。もし組合が売り切れない場合には、捨てても良い」と決議した。平成一二年から「美ら海育ち」の共通ロゴを使用している〉
モズクをめぐり皆で工夫してきたことがよく分かります。

海での作業の危険性

モズク生産部会代表で三期八年目の大阪出身の林一也さんから、二〇二〇年（令和二年）一二月に話を聞きました。

名刺にはモズク部会長の他に漁業振興会会長の肩書もあり、漁協の七専門部会を横断的に束ねています。全体に目配りする林さんに、海の仕事の感想を聞きました。

林一也さん（恩納村漁協提供）

「やりがいはありますが海底では水圧がかかり、体の負担が大きくて歳をとると疲れやすくなります。急浮上すると、手足のしびれや意識障害を起こすこともある減圧症にもなりますよ。

海底で長時間のモズク収獲には、コンプレッサーで新鮮な空気を送ります。その空気の入り口は船の高い場所にありますが、風向きによるとエンジンの排気ガスが混じり、呼吸困難になる危険があるのです。海底で急に気分を悪くしたり意識をなくすこともあれば、最悪は死亡ですよ」

モズク生産の苦労がよく分かりました。

3　モズクの生協向け商品化とサンゴ再生

生協と恩納村漁協と井ゲタ竹内との協同

こうして恩納村漁協と井ゲタ竹内の強い信頼関係による協同で、モズクの安定した商品を作る基礎が整いました。次はモズク商品の安定的な販売先として生協が加わり、三者による新たな協同の輪の広がりで生産量も増えていきました。

各地で食品を販売しているデパートやスーパーマーケットなどへも、井ゲタ竹内はモズク商品を納品しています。営利優先の一般の小売店は、競争に勝って会社経営を続けるため過度な低価格にこだわり、井ゲタ竹内に無理な値下げを求めることもありました。時には立場は店が上で、生産者や食品メーカーを下にする上下関係です。

ところが生協は、価格だけでなく生産者や環境にも注目し、生産者や食品メーカーと対等の関係で取り引きをしています。このことが生協と井ゲタ竹内の信頼関係となり、恩納村漁協との協同にもつながっていきました。

恩納村モズクの第二段階のステップである二〇〇五年（平成一七年）からは、恩納村漁協と井ゲタ竹内に生協しまねがまず加わり、協同によって恩納村のモズクの販路を確保して商品の流通が広がりました。さらにはモズク商品の利用による独自の基金を集め、豊かな海にするサンゴの再生事業を支援してきました。

こうした取り組みは、パルシステム連合会・コープCSネット事業連合・東海コープ事業連合・コープこうべ・京都生協などへ広がり、協同の輪はさらに拡大していったのです。

生協とは

生協は、一九四八年（昭和二三年）の消費生活協同組合法（生協法）に基づく組織で、協同組合を意味する英語のコーペラティブ（Co-operative）から、コープやCO・OPと表現することもあります。生協法は、国民の自発的なくらしの協同組織である生協を発達させることを通じ、国民生活の安定と生活文化の向上を目的にしています。消費者が経営に必要な出資金を出して組合員となり、暮らしを守り豊かにする事業や運動を互いに助け合って運営する非営利の組織です。

日本における生協の歴史は古く、一八七九年（明治一二年）に東京で共立商社と同益社や、大阪に共立商店の各消費組合が誕生しましたが、長くは続きませんでした。今日のコープこうべに発展した神戸購買組合と灘購買組合は一九二一年（大正一〇年）に、一九二六年（昭和元年）に東京学生消費組合が、一九二七年（昭和二年）に江東消費組合がそれぞれ設立しています。

日本生活協同組合連合会によれば、二〇二〇年（令和二年）度で全国各地の地域や医療や共済や大学などで五六一の生協があり、二九六三万人もの組合員がいるので、国民の世帯では約三分の一が生協に加入しています。

生協しまねと恩納村のモズクの関わり

一九八四年（昭和五九年）設立の生協しまねは、島根県下における共同購入事業を通して、食生活を中心とした組合員の暮らしを豊かにし、井ゲタ竹内との取り引きがあり隠岐の島産モズクなども扱っていました。二〇〇五年（平成一七年）に生協しまねで常務だった塩道琢也さんは、いくつかの産地を訪ねて相互理解を深め、その一つとして井ゲタ竹内の案内で恩納村漁協を訪ね、その当時を語ってくれました。

「産直などをしている一〇ヵ所ほどの生産地へ行き、取り引きが発展するためのあいさつ回りをしていました。初めての恩納村訪問でモズク生産の現場を見させてもらい、皆でいくつもの工夫や苦労し生産していると知って驚きました。

塩道琢也さん

漁協の比嘉さんからモズク養殖の話をいくつも聞かせてもらい、一時間の予定が三時間にもなったものです。比嘉さんを含め漁協の前向きな姿勢にすっかり意気投合し、翌年の生協しまね二〇周年フェスタへ漁協の人たちに参加していただき協力関係ができました。その頃の画期的な協同は、お弁当用のミニパックモズクを生協組合員の協力で商品化したことと、モズク商品の販売でサンゴ再生の『もずく基金』を作ったことです」

お弁当用モズクと「もずく基金」は、今に続く貴重な協同です。

生協しまねでは、組合員・職員・取引先が互いに状況や想いを本音で出すため、二〇〇三年（平成一五年）に「くらしおもしろ会」を作り、迎春や洗顔や弁当などのテーマで、コープ商品などを真ん中にして自由なおしゃべり会をしていました。

一〇人ほどの組合員による二〇〇六年（平成一八年）の「お弁当おしゃべり会」では、「栄養を考え酢の物も入れたいけど、ドロドロしてこぼれやすく敬遠する」との声がありました。CO・OP商品で子どもに人気のミニカップゼリーの容器が弁当用に良く、冷凍で入れれば弁当を冷ますとの意見も出ました。参加した九メーカーから次の会に試食品の提案があり、その一つが井ゲタ竹内によるミニカップの「お弁当用もずく」でした。

井ゲタ竹内から竹内さんを含め三、四人が参加し、約半年間の話し合いが続きました。試作品を何回もくりかえし、直径約三センチの半球のプラスチック容器に一八グラムと少量の「お弁当用もずく」が誕生したのです。それも生協しまねはオリジナル商品とせず井ゲタ竹内の一般商品としたことで、他の生協や小売店でも利用するヒット商品となりました。

組合員からは、「味もよく、時間がたっても変色しない」、「ケースごと入れられるので、モズクがこぼれなくて良い」、「さっぱりした酢の物を、お弁当に入れられるので感激」と好評です。

竹内さんの開発時の感想です。

「モズクの酢の物をミニカップ容器に入れ、本当に弁当で使ってもらえるか心配でしたが、『お弁当おしゃべり会』で主婦の苦労や本音が聞けて、メーカーの感覚だけでなくお弁当を作る人や食べる人の想いを大事にし、商品開発に弾みがつきました。これからも組合員さんの声を聞かせていただき、さらに良い商品へしていきます。

弁当用モズクを開発し、家族みんなが楽しい食生活を送るため、食品メーカーの役割りは何かを考えることができ、とても貴重な体験でした。消費者の役立ちを真ん中にし、物を売る買うだけでなくて、生活にどう貢献するかを生協・生産者・メーカーで見つけることが大切です」

お弁当用もずく（井ゲタ竹内提供）

生協しまね「サンゴ礁再生事業支援協定書調印式」
2008年（コープCSネット提供）

現在の「お弁当用もずく」は、三杯酢と中華味があり、パッケージの色はオレンジやグリーンなどで、弁当に入れると彩も良くなります。また子どもたちが楽しむため蓋には、動物のサイのイラストには「食べてみんサイ」、イカのイラストには「イカ酢もずく」、象のイラストには「食べて元気になるゾウ」などの文字が並んでいます。

モズクを扱いだし

て数年後の頃です。村の海を豊かにするため漁協が、サンゴの再生で苦労していると竹内さんから生協しまねに相談がありました。漁協が参加した生協のフェスティバルで募金をしていましたが、大きな力にするには継続する運動でないと効果がありません。

当時は企業の社会的貢献のCSRが話題になっていたこともあり、生協しまねは「もずく基金」を考えました。モズク商品を利用すると基金になり、サンゴの再生事業に役立つ仕組みです。地球温暖化で白化するサンゴを誰でも参加できる支援で、いつか恩納村に「サンゴの島根の森」を造ろうとの声もありました。

生協しまねのある組合員の感想です。

〈もずく基金の設立をとても嬉しく思います。私たちの手で豊かな海を育てるサンゴ再生に道をつけ、孫子の時代につなぎ、大きな恵みをもたらせたいです。〝頑張れサンゴ！〟〉

こうして二〇〇八年（平成二〇年）に生協しまねは、恩納村とコープおきなわの立ち合いで恩納村漁協とサンゴ礁再生事業支援協定を結びました。

生協における新たな協同の広がり

二〇〇九年（平成二一年）に東京のパルシステム連合会は、モズク商品の利用と同時にサンゴの森を造るため、サンゴ養殖で海を守り豊かにする恩納村美ら海産直協議会を立ち上げました。

二〇一〇年（平成二二年）には、生協しまねの提案を受けたコープCSネットが、モズク利用によってサンゴ礁の再生基金として積み立てる仕組みを、生協ひろしま・おかやまコープ・コープやまぐち・生協しまね・鳥取県生協・コープかがわの六生協で始めます。また愛知県の東海コープは、愛知・三重・岐阜の三会員生協が合同で恩納村の産地視察をし、モズク商品の販売でサンゴ礁再生の植樹基金をスタートさせました。

こうしてサンゴの植え付けは、二〇一〇年（平成二二年）にパルシステム連合会から一三〇〇本、二〇一一年（平成二三年）にはコープCSネットの五二〇本や東海コープが一一三本と広がっていきました。

あわせて各生協の組合員や役職員が村を訪ねたり、村の生産者や漁協の役職員が各地の生協を訪ね、モズク料理の試食も含めて交流を深めたのです。またこの年には、目的を同じくするパルシステム連合会・コープCSネット・東海コープと井ゲタ竹内によって、情報交換や活動交流について意見交換会を設け、協同をより強めることにしました。

二〇一二年（平成二四年）に人間の生活と自然の共生をテーマとし、恩納村の漁業資源の活用を通じて漁協のサンゴ再生事業を支援するため、恩納村漁協・生協（パルシステム連合会、コープCSネット事業連合、東海コープ事業連合）・井ゲタ竹内の連携で、「コープサンゴの森連絡会」を設立しました。海の環境を守り育てる里海づくりの以下の三項目が柱です。

①サンゴの再生産を促すためサンゴ養殖と植付け活動をおこない、協働して里海づくりに取り組みます

②都市と漁村の人的交流を推進し、地球環境と生命の源である海を守り豊かにします

③生産物の特性を活かして、産地と連携することによってしかできない水産加工品を製造し、消費者のニーズにあった販売をします

その後にこの連絡会には、同じ志を持つコープこうべ、京都生協、コープしが、コープ北陸事業連合、おおさかパルコープ、大阪よどがわ市民生協、アイチョイスが加わり、協同の輪は大きく広がっていきました。生協といっても安全性の基準や事業の考えが異なり、こだわりの異なる多くの生協がここまで参加するのは珍しい協同です。

さらには一つの生協内において、産直活動は事業係で平和活動は組合員活動部が担当していますが、モズクも視察する沖縄の平和ツアーでは両者が協同するようになりました。参加した組合員は、平和や環境に商品を関連させて理解できるようになりました。

主要な生協として、パルシステム連合会・コープCSネット・東海コープ事業連合・コープこうべについて以下に紹介します。

パルシステム連合会

〈いつも美味しいモズクをありがとうございます。弛（たゆ）まない努力と愛情のおかげで、モズクを食べることができていることを知りました。いつもは一口で飲むように食べていましたが、もっと味わって食べます。また、海ぶどうは最高に美味しかったです。那覇の居酒屋で食べた海ぶどうが貧弱すぎて、恩納村の海ぶどうづくりにかける職人魂をより感じました。皆さまお身体に気を付けて、ありがとうございました〉

〈一〇〇年後をみすえてサンゴを育てる素敵な取り組みに感動しました。また、若い生産者が自分の仕事に誇りを持ち熱く語っている姿を見て、食べることで私たちも支え合っていかなくてはと思いま

した〉
〈おじいの「がんこさ」のおかげで、海ぶどうの育て方がわかって、今私たちは海ぶどうを食べられているんだ！　と知って感動。そして皆のたゆまぬ努力と研究のおかげ。それから皆の誇りのおかげ。いっぱいリスクある中で、モズクを努力して作ってくれててホントありがたい。私は選び続けたい〉
〈いつも、何気なく食べているモズク。太モズク、糸モズク、恩納モズクとの違いを味比べしたのは初めてで、それぞれの違いを感じてビックリしました。これからは、注文時に意識しようと思います。漁協や井ゲタ竹内の方々には、本当にいろいろなことを教えて頂き勉強になりました。
　漁協の方々の研究熱心で、新しいことをどんどんやろうとする姿は素晴らしく活気あふれ、また何度も恩納村に足を運びたいと思いました〉
〈知ることは、これほどに大切であるのだと学んだ三日間でした。知ることで味わい方も変わり、食べ物への見方や考え方も変わる。知ることで、感動することもできる。生産者への感謝がいっぱいになる。知ることで、つながれた気がしました。
　今まで参加した中で、一番強く感じることができて嬉し

パルシステム群馬の海人交流会　2019年
（パルシステム連合会提供）

かったことは、「サンゴの海を守っている一員であることを実感できた」ことです。ツアーで来た客の一人ではなく、生産者さんと共に歩んでいると思えました。何よりサンゴの村宣言が行われると知って、とっても嬉しかったです。

パルシステム、生産、私たちの積み重ねてきた時間の、大きな成果を感じた三日間でした。また、サンゴの苗が産卵するのを楽しみに応募したいです。仕事場で、子どもたちへ伝え続けたいです。ありがとうございました!!〈笑顔の絵文字〉

恩納村で交流したパルシステムの組合員による感想文で、いくつもの発見や出会いをそれぞれが楽しんでいます。

パルシステムとは

一九七七年（昭和五二年）に首都圏生協事業連絡会議としてスタートし、二〇〇五年（平成一七年）にパルシステム連合会となりました。二〇二一年（令和三年）現在、一都十一県（宮城／福島／茨城／栃木／群馬／埼玉／千葉／東京／神奈川／新潟／山梨／静岡）の各地域生協と、パルシステム共済生協連合会が加盟し、組合員数は約一六三万人です。

渋澤温之さん

パルシステムの名称は、英語のパル（pal 友達）とシステム（system 制度）の造語で、個人の参加が大きな協同を作る意味を込め、組合員・生産者・流通者・販売者など、それぞれが適正な費用を負担し、安全で安心できる商品とサービスを提供しています。

恩納村との関わりについて、パルシステム連合会の渋澤温之専務から話を聞きました。

「私たちの理念である『心豊かなくらしと共生の社会を創ります』は、人と人だけでなく自然と人や、現在と未来まで含んだ意味での共生を指します。その一つとして産直に当初から取り組み、農産物はかなり進んできました。遅れている水産物の産直も強めようと二〇〇九年（平成二一年）に連合会として、海の環境・日本の水産物・水産物の安全・漁食文化を大切にする水産方針を決めました。それに沿って恩納村、恩納村漁協、井ゲタ竹内、パルシステム連合会の四者で、同じ年に恩納村美ら海産直協議会を設立し、協力してサンゴの植え付けの他に、生産者と生協組合員の交流や資源循環型水産物と産直加工品の推進をしてきたのです。

モズクの利用が、恩納村の里海やサンゴと深く関わっていることを、まず一人でも多くの組合員に知ってもらうことでした。そのため『モズクを広げて社会を変える』と呼び掛け、六五の各センターで職員と組合員の学習を積み上げました」

経済格差の拡大や自然環境の破壊が進み、ますます共生は大切になっていきます。産直も共生の一つで、モズクとサンゴを通し社会の在り方に迫るパルシステムの素晴らしい取り組みです。

それでも活動は、順調でなかったと渋澤さんは話してくれました。

「生協職員のモズクの学習会を強め、一人ひとりが学んだり感じたことを、自分の言葉で組合員へ伝えました。恩納村美ら海産直協議会の活動資金が必要なため、サンゴの植え付け活動支援のため当初はポイントを基金として集めようとしましたが、これは賛同を得られませんでした。

そこでモズクを利用する目的や、恩納村美ら海産直協議会の意義の学習会を再度開き、二回目の提案でやっと賛同が得られ、大々的に呼びかけられることができました」

時間をかけ多くの人が理解してから進め、パルシステム独自の組合員向け「産地へ行こう。『沖縄恩納村・サンゴの森づくり』」や、生協職員向けには恩納村での研修会などを毎年のようにおこなってきました。

これからの取り組みについても渋澤さんは語ってくれました。

「二〇二〇年（令和二年）に私たちは、『たべる・つくる・ささえあう　ともにいきる地域づくり』をテーマに、パルシステム2030ビジョンを定めました。食べる大切さを伝え安心で心豊かな食を地域に広げ、農と産直を地域と共につくることです。また持続可能な生産と消費を確立し、身近な支え合いを通し誰もが暮らしやすい地域社会をつくり、一人ひとりの暮らしを切り替えて多様な命を育む環境を広げ、分かり合う心を広めて各自が大切にされる共生と平和の社会をつくることです。

恩納村のモズクの取り組みもビジョンにつながる一つで、これからも組合員や他の生協の皆さんとも協力して着実に進めていきたいものです」

ほんもの実感くらしづくりアクション
パルシステム東京　2017年（パルシステム連合会提供）

人間の生活や自然との共生を大切にするパルシステムは、恩納村のモズクとサンゴを通しますます役割りを発揮しています。

コープCSネット事業連合

コープCSネット主催の親子交流企画の参加者による感想で、まずは小学五年生から中学三年生までです。

〈いちばん楽しかったのはシュノーケルです。とてもとうめい度が高く、海の底まで見えてすごかったです。初めて見たサンゴは、一つひとつ色や形や大きさがちがいました。植え付けてあるサンゴも見ました。きれいなクマノミなど、色がハデな魚がたくさんいました。さわれそうなくらいの近くまで魚がやってきました。サンゴにたくさんの生き物がすんでいて、サンゴの大切さが分かりました。

サンゴの苗づくり体験もしました。水につけながらやって、サンゴが弱る三〇度以上にならないように気をつけました。一コ一コサンゴの苗を基台にくくり付けて、漁協の人はたいへんだと思いました。バーベキューを漁協の方としました。さんしんを初めて聞いたりおどったりして楽しかったです。沖縄の海が、サンゴでいっぱいになって魚もたくさんになってほしいです。また沖縄に行きたいです〉（鳥取県生協）

〈サンゴの植えつけようしょくをしました。ガタガタしてむつかしかったけど、きれいになえつけできたと思います。ひがたかんさつでは、たくさんの生き物がいて、中でも私が一番おどろいたのは、岩にはりついた生き物がいたことです。シュノーケリングでは、すごくきれいに下の方まで見え、サンゴのようしょくも見れてとてもよかったです。そしてともだちがたくさんできたことがうれしかっ

たです〉（コープやまぐち）

〈ぼくが大変だと思ったのは、サンゴの白化現象です。近年、地球温だん化がひどくなっているので、そのせいだと思いました。サンゴを危機的な状況にしているのは、ぼくたち人間なので、少しでもサンゴを助けるためにエネルギーの無駄使いはしないようにします〉（コープかがわ）

〈シュノーケリングは一番楽しかったです。私は小さいころから海が大好きで、ナマコ・サンゴ・きれいな魚など、様々な生き物を見ることができ楽しかったです。私は耳が聞こえなく、とてもきんちょうしていたけれど、みんな親切にしていただきたいへんうれしかったです。また恩納村へ行きたいと思いました〉（生協しまね）

以下は同じ企画の大人の感想文です。

〈一〇年前に沖縄を訪ねたときは、過去に外部からの侵略に翻弄（ほんろう）され、最近では外からの観光客に頼るしかない島で、同じ日本なのにと切なくやるせない気持ちになったことを覚えています。

それが今回、恩納村の人達が本当に明るく誇りを持って仕事に取り組み、豊かな海を守り続けている姿を観て、私まで明るくなりますます応援したい気持ちになりました〉（生協ひろしま）

〈サンゴの苗付けの際、真っ白な死んだサンゴがあり胸が痛くなりました。私たちの願いをのせたサンゴが、一週間→一年→三年と無事に育ち、豊かな自然を育んでほしいです。自分が苗付けし

おかやまコープ交流会　2014年（コープCSネット提供）

たポットを、いつか見にいけたらいいな〉（おかやまコープ）
〈印象的だったのは、恩納村でサンゴの苗付けを終えた後でのお話です。「ひび建て方式は、海外に出さないのですか」との私の質問に対し、「沖縄を含め日本人は森林の里山と同じく里海と呼んで、自然の海を守るためにあえて人の手を加えます。これに対して欧米には、人間の手が加わると自然でなくなるとの異なった考えがあります」と教えていただき、日本人の心に感動しました。
なぜなら自然に対してだけでなく、今、目の前にあるものに対して、自分はいったい何ができるのかと常に考え行動することが、一〇年二〇年一〇〇年後の未来につながっていくからです。
今回苗付けしたサンゴは、四年後に直径が四〇センチまで大きくなるそうで、どんどん大きくなって一〇〇年後の海を彩ってくれることでしょう〉（コープやまぐち）
参加者は大切な学びがいくつもありました。

コープCSネットとは

コープCSネットは、中国四国の九地域生協（鳥取県生協、生協しまね、おかやまコープ、生協ひろしま、コープやまぐち、とくしま生協、コープかがわ、コープえひめ、こうち生協）が出資した事業連合で、二〇〇五年（平成一七年）設立です。宅配事業の共同仕入れや商品開発、チラシの作成、受注業務、物流やシステムの共同化を会員生協から受け、店舗事業では共同仕入れを支援していきます。その他には商品検査や会員生協と連動して商品供給を支援し、組合員の心豊かなくらしと願いを実現する事業を進めています。

小泉信司さん

小泉理事長から、コープCSネットの考えを聞きました。

「日本海と瀬戸内海と太平洋に囲まれた中四国には、中国山地と四国山地があり豊かな自然に恵まれ、それぞれの地域にあった暮らしや文化を創ってきました。生協運動はその地域に根ざして活動するとともに、生活者の共通する願いやニーズに対し、県の枠を越え連帯することでより高い力を発揮できます。

組合員の心豊かな暮らしと願いを実現するため、地域性も大切にしながらも統一してメリットが出ることは追求し、組合員に貢献する事業と活動を進めていきます」

その一つが恩納村のモズク利用とサンゴ再生の支援です。

「もずく基金」は、宅配の商品で一点二円、弁当用もずくだけは一点一円、店舗では一点一円、モズクのみそ汁のみは一点二円で、現在は全国三二の生協と事業連帯組織が参加する活動にまで広がっています。

コープCSネットの一〇年間の実績は、モズク商品の利用で一〇〇〇万点を超えて基金総額は二〇〇〇万円となり、サンゴの苗の植え付け本数は七〇〇〇〇本を超えました。

コープCSネット「もずく基金」贈呈式　2012年
（コープCSネット提供）

恩納村の海に魅了された小泉さんと塩道さんは、ダイビングの資格を取ってウエットスーツも買い、何度も潜っているから中途半端ではありません。

東海コープ事業連合

東海コープが二〇二一年（令和三年）に宅配の職員へ、「井ゲタ竹内のモズク商品と、恩納村のサンゴの森づくり」のテーマで、漁協と井ゲタ竹内をオンラインで繋いだ学習会の感想文です。

〈モズクの種類、各種の特徴、養殖の流れを知るとても良い機会でした。現地の方の声など、リモートだからこそ聞くことが出来て気持ちがとても伝わりました〉

〈生産者の取り組みやご苦労が、大変理解できる内容でした。商品の良さや健康に良い点など、いろいろな角度から組合員さんにもっと伝えます〉

一九九四年（平成六年）設立の東海コープ事業連合は、コープぎふ・コープあいち・コープみえが会員となり、商品の企画・開発・調達、物流、情報システムなどの一部を受け、ビジョンに〈未来につながるあんしん生活〉を掲げています。

組合員の商品利用を通し原料産地の森・川・海の環境を守り育て、水産資源を守っています。組合員と役職員が産地での植樹体験や交流を通し、水産資源と自然環境の大切さを学び考え活動を広げています。植樹する産地の商品には、「コープの森づくり」マークを付けて案内し、利用一点で一円を積み立て苗木代や植樹エリアの管理費にし、以下の北海道・インドネシア・沖縄の三ヵ所で展開しています。

①〈海と川と森はひとつ〉や〈一〇〇年かけて一〇〇年前の海を取り戻そう〉の合言葉に協賛し、北海道の野付湾に流れ込む川の両岸へ、野付漁協や北海道漁連と協力し白樺などの植樹をしています。二〇一〇年（平成二二年）から二〇二〇年（令和二年）までに、一〇五一万円が集まり六〇二〇本植えました。

②インドネシアのタラカン島では、自然を利用した環境負荷の少ない養殖でエビを育て、二〇一一年（平成二三年）から二〇二〇年（令和二年）の間で二五七万円が集まり、マングローブを一万七四六四本植えています。

③二〇一〇年（平成二二年）に会員生協合同で恩納村を視察し、モズク商品の利用で漁協によるサンゴ礁再生の植樹基金をスタートさせました。二〇一三年（平成二五年）には、コープぎふ・コープあいち・コープみえ・東海コープ・恩納村漁協・井ゲタ竹内・恩納村との間で、「コープの森　沖縄恩納村の里海づくり協議会」を設立しました。恩納村での職員研修や各生協で海人の料理交流会を実施し、里海づくりを毎年支援しています。二〇一〇年（平成二二年）から二〇二〇年（令和二年）までに八三八万円を集め、二六七九本のサンゴを植えました。

コープぎふフェスタin飛騨　2017年
（井ゲタ竹内提供）

コープこうべ

コープこうべの「コープスもずく産地研修会」に参加した生協職員の感想です。

〈恩納村における養殖の大変さ、工夫、熱意、努力を知り、皆様の想いの詰まったモズクを今まで以上に大切に扱いたいものです。もっと多くの組合員に恩納村のモズクを伝えていきます。一人でも多くの組合員に食べてもらうため、私も精一杯努力しますので、これからも美味しいモズクを届けてください〉

〈モズクを買う→サンゴを植える→豊かな海が育つ→良質なモズクが育つというサイクルや、環境保全の取り組みなど、見えない価値を組合員に伝えていきたい〉

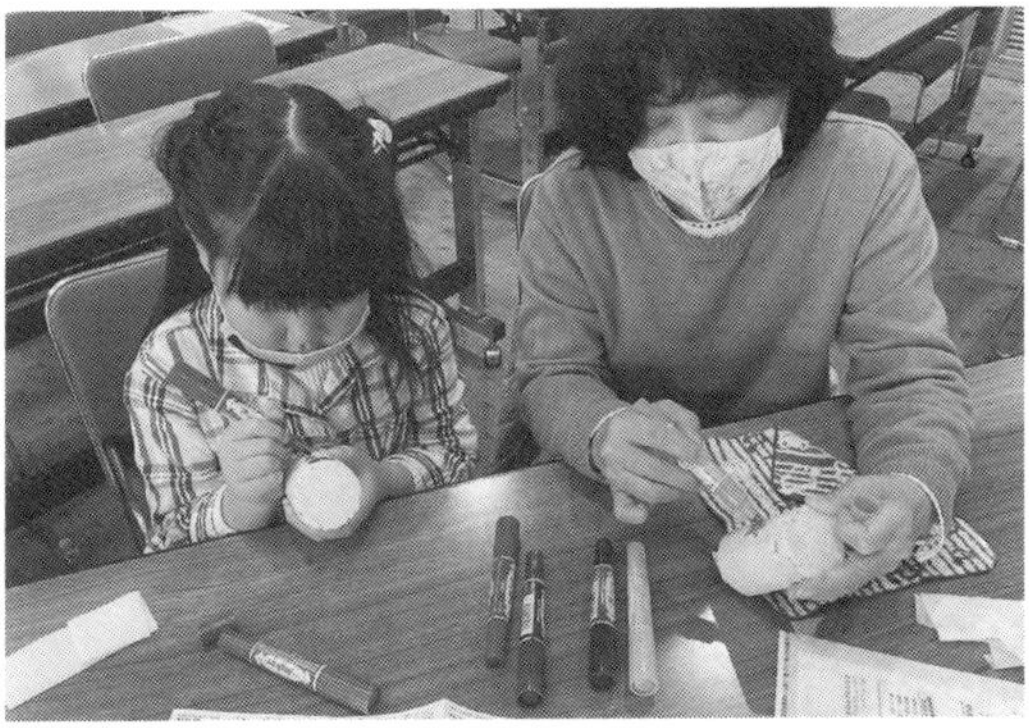

サンゴの苗をつける土台に絵を描く組合員親子
2021年（コープこうべ提供）

次は「虹っ子平和スタディツアー」で恩納村を訪ねた子どもが、カラーのイラスト入りの素敵な「サンゴやモズク新聞」に載せた感想です。

〈私は最初、平和のツアーなのに、どうしてサンゴやモズクが出てくるのか不思議でした。でも実は、サンゴやモズクは海を守っていたんです。サンゴやモズクが海にあると、魚達のすみ家になったり、栄養補給ができる場所になっていました。

サンゴやモズクがたくさんいる海は、魚達も住みやすく二酸化炭素を吸収して酸素を出し海をきれいにしてくれ、環境が良いと平和につながるからです〉

とても大切な平和の学びをしています。

長い歴史を持つコープこうべは、組合員の暮らしを守り豊かにする事業や活動を長年展開しています。一人ではできない願いや夢を皆の力で形にするため、愛と協同の精神を原点とし、CO・OPの文字のシンボルマークは、あらゆるものの柔らかな共生を表し、山と海のグリーンとブルーは人々の未来と安らぎもあれば自然と生命も象徴しています。

コープこうべの方針は、〈環境保全、社会に関する自主行動指針〉において、〈環境に配慮した商品を積極的に開発・生産・供給〉を掲げ、恩納村のモズクやサンゴにも繋がっています。

製品の安心・安全管理

井ゲタ竹内におけるモズク加工の流れを、コロナ対策で私は見学できませんでしたが、以下のように管理しています。

①原料検品・入荷・保管：村から冷蔵輸送したモズクは、入荷の都度に品質をチェックします。専任の担当者による食感などの官能検査をし、五段階の等級に分類し冷蔵庫で保管します。

②洗浄・選別・殺菌・調味：検品したモズクは洗浄機で水洗いし、専用の選別台に広げて手元は二〇〇〇~三〇〇〇ルクスと明るくし、熟練者の手の感触と目で異物を除きます。さらにモズクのヌメリを損なわないよう加熱殺菌し、機械化した調味液調合ラインで品質の安定と衛生管理を強

めています。

③包装・Ｘ線異物検査機・金属探知機・ウエイトチェッカー・ケース詰め：自動充てん機で包装した製品は、Ｘ線異物検出機や金属探知機やウエイトチェッカーで規格外品を除き、ケース詰めでは袋の破れ検査もします。

④検査・出荷：製品は生産ロット毎に微生物検査と品質検査し、パスした製品は一〇度以下に管理し出荷します。

こうして全製品は、出荷記録から生産の履歴を確認することができます。なお宇宙食の安全性を確保するためにアメリカで開発した、食品の衛生管理のハセップ（ＨＡＣＣＰ）を二〇〇八年（平成二〇年）に取得し、より安心安全な管理を進めています。

井ゲタ竹内の役職員のこだわり

井ゲタ竹内の役職員のこだわりで、まずは製造部の岡田忠倫さんです。

「味付モズクのアンケート調査では、素材について利用者の不安が大きく、素材の良さを実感して頂くことを商品開発の軸とし、箸で摘みながら食べてじっくりと味わい深くなる商品を目指しました」

次は営業部の田生（たいけ）明子さんです。

「本当に美味しい味付モズクを問い直し、料理上手なお母さんが家庭で調理する『モズクの酢の物』にたどり着きました。売るため色合いや保存性をことさら重視し、自然の美味しさや大切な安全性から遠ざかることがあります。本当の美味しさを求めて、料理上手なお母さんの家庭料理を手本にして

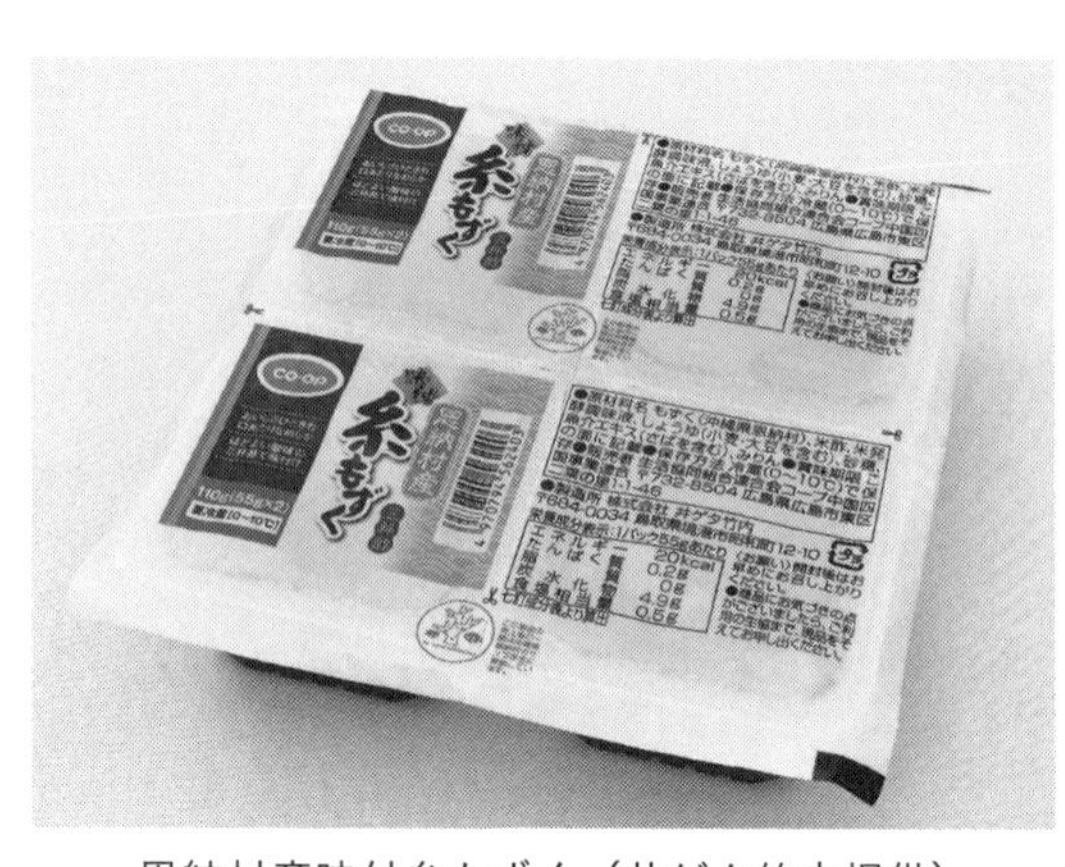

恩納村産味付糸もずく（井ゲタ竹内提供）

改良を重ねています」

そして竹内さんです。

「首都圏の生協の担当となり、組合員さんが自分たちの生活を守っている姿に、私もたいへん触発させられました。生協では世のため人のためになることと経営が両立し、私にもできると確信して生協との取り引きをさらに強めていきました。

トレーサビリティを活用し、生産者一人ひとりに品質評価の『おい信簿』を作るなど、各自の自立の後押しをさせてもらっています。一九九八年（平成一〇年）の世界的なサンゴの白化を契機に、里海の再生と継続的な漁業のため『サンゴ基金』を全国の生協に呼びかけました」

生協との出会いは竹内さんにとっても大きな意義があり、利用者のための努力が伝わってきます。

サンゴとは

たくさんのサンゴが育つ豊かな海で、魚介類とモズクなどの海藻類は元気に成長すると言われています。そのため恩納村漁協では、岸に近い干潟部はアーサ養殖場とし、次はモズクの中間育成、モズ

サンゴ

ク養殖、シャコガイ養殖、サンゴ養殖と各漁場を沖へ向かい帯状に配置しています。こうしてモズクやサンゴの養殖では、多くの生き物に棲み家と食物を提供し、生態系を育む里海づくりに役立っています。

そうした大切なサンゴが、地球温暖化やリゾート開発の影響を受けて激減した時期もあり、サンゴ養殖は恩納村漁協の重要な取り組みの一つです。

なおサンゴは、クラゲやイソギンチャクと同じ刺胞（しほう）動物の一種で、食べ物と排泄物が同じ口から出入りする腔腸（こうちょう）動物です。サンゴの体内に共生する褐虫藻の働きで、植物と同じく二酸化炭素を吸収して酸素を作ります。その吸収率は一平方メートルあたり四三キログラム／年といわれ、植物よりも大きな働きをし、海の浄化や天然の防波堤の役割もあり海中だけでなく地球にも貢献しています。

こうしたサンゴは世界に約八〇〇種類あり、二〇〇〇種が生息する沖縄の海域は世界的にも注目されています。

サンゴの再生

二〇一七年（平成二九年）に参事となった比嘉さんは、以前からサンゴの研究と保全にも努め、二〇一八年（平成三〇年）の「漁協によるサンゴ再生の取り組み～沖縄県恩納村での事例～」で、日本サンゴ礁学会の論文賞を受けました。また二〇一九年（令和元年）に、里海の価値の協創と沖縄の地域特性を活かした里海づくりがテーマの里海交流大会in恩納村で、「恩納村におけるサンゴ礁の海を育む活動」の題で以下を報告しています。

〈サンゴ礁保全のため恩納村漁協では、大規模事業所の汚水排水のチェック、赤土流出防止対策、オニヒトデ駆除をしてきました。またサンゴ礁を守るため、一九九八年（平成一〇年）からサンゴ養殖やサンゴの植え付け、親サンゴが産卵

サンゴの養殖１　苗づくり（恩納村漁協提供）

サンゴの養殖２　基台へのセット（恩納村漁協提供）

サンゴの養殖３　苗の養生（恩納村漁協提供）

サンゴの養殖４　ひび建て式へのセット
（恩納村漁協提供）

する「サンゴの海を育む活動」をしています。その一つに海底へ立てた鉄筋の上で、サンゴを育成する「サンゴひび建て式」があります。

養殖サンゴは、二〇一九年（令和元年）に約三万群体で、二日間の産卵で約三五億の幼生が出て、住んでいる魚は三三種で約八四万匹と推定しました。二〇一六年（平成二八年）の夏に、高水温で多くのサンゴは白化しましたが、養殖サンゴは天然より高い生存率でした。海底より上に養殖サンゴがあり、流れがよく当たりサンゴの裏にも光が射し、褐虫藻が元気に働いているからと思います〉

なお「ひび建て」とは、ノリやカキの養殖で胞子や幼生を付着させる海中に立てる竹や小枝のことで、恩納村では鉄柱と樹脂製のパイプを使用しています。

重要なサンゴ養殖ですが漁協単独では限界があり、二〇〇三年（平成一五年）に恩納村・村内事業所・県内の観光関連事業者と連携し、恩納漁港の沖にサンゴの植え付けをしました。また二〇〇四年（平成一六年）に、漁協や沖縄ダイビングサービスLagoonの協力と、環境省・沖縄県・恩納村の後援で「チーム美ら（ちゅ）サンゴ」を結成し、サンゴの植え付けツアーや美ら海を大切にする活動もしています。

サンゴの父

サンゴの養殖も銘苅さんは深く関わり、村で「サンゴの父」と呼ばれている本人から聞きました。

「長年海に潜りサンゴは当たり前にあるもので、白化したときは大変だと感じましたね。サンゴが死ぬと、きれいだった海水が濁ってしまうのですよ。大事なサンゴを、昔から増やしたいと考えていました。最初は学者が、水中ボンドでサンゴを岩に着ける方法を提案してきました。日焼けして失敗するのは分かっていましたが、実験するとやはりダメでした。

そこで学者に頼らず自分で考え実験しても期待する結果は出ず、また次を工夫する繰り返しでした」

サンゴを切ってアンカーボルトでコンクリートに埋め込んでも育たず、ひび建ての先に乗せる基台の素材や形を工夫し、固定する針金を鉄からステンレスにするなどしています。さらには他の海人にも協力してもらって作業性も点検し、結果を比嘉さんに報告して次の実験へとつなげてきました。

その結果、養殖サンゴの生存率が九〇％の安定した方式に到達したのです。

銘苅さんの抱負を聞きました。

「採る漁業と育てる漁業と観光漁業のバランスで、村の漁業は今後も発展しますよ。そのため子どもたちに、海岸で遊ぶだけでなく海の中をのぞいて興味を持ってほしいですね。

海ぶどうやモズクやサンゴの養殖に関わり、私はいつも裏切られる連続でした。実験は互いの騙し合いで、ずっと面白く続けることができました。苦しかったですが楽しかったですよ」

儒教に「苦しい中にも楽しさがある」との苦中有楽の教えがあり、体験から銘苅さんはつかんでいます。

サンゴ養殖の技術は、サンゴ礁内で確立していますが、深い外洋の境の嶺や外の斜面では、環境が異なりまだできていません。また恩納漁港にある海ぶどうの養殖施設の水槽で銘苅さんは、ウニ養殖の実験中でまだまだチャレンジは続きそうです。

なお一九九九年（平成一一年）結成のサンゴ養殖部会は、銘苅さんが今の代表者です。

恩納村漁協青年部

恩納村漁協の発展には、三九歳までの海人による活発な青年部が貢献してきました。二〇一三年（平成二五年）に青年部長で、二〇一六年（平成二八年）には漁協理事になった金城勝さんから聞きました。なお勝さんは、二〇一九年（令和元年）に沖縄県漁協青壮年部連絡協議会会長となっています。

「一九九一年（平成三年）に村で全島万座ハーリー大会がありました。計一一人で競うハーリーは、個人の体力とチームワークも大切で、夕方六時に前兼久漁港へ集まり、二時間は練習して汗を流した後は、ビールや島酒を飲みながら懇談し、大会に向け皆が一所懸命に練習し見事に優勝したものです。

懇談ではハーリーだけでなくモズクなどの漁業も話題にし、問題や改善について率直な意見を自由に出し青年部全体のやる気を高めました」

楽しいおしゃべりを意味する沖縄方言のゆんたくで、伝統的な舟の競争のハーリーは、海の安全と豊漁を祈願する行事です。

漁業の現状を良くするため青年部は、村外の人と交流して学んだと勝さんは話してくれました。

金城勝さん（恩納村漁協提供）

「以前はたまに井ゲタ竹内や生協の人が漁協に来ても、何のためかまるで私たち海人には分かりませんでした。

海人へ外部との交流を漁協がすすめるようになり、消費者や井ゲタ竹内の話を聞くため各地へ出かけ、大切な食べ物を作っている自覚を私達は高めました。青年部の研修費を稼ぐため採った魚介類を村の祭りで販売し、交流を始めて三年ほどで海人は、生産者から消費者の目線へと意識改革をしました」

こうした青年部の変革から、消費者目線の恩納村漁協へと変わっていったのです。

里海交流大会in恩納村で勝さんは、「産地から広がる里海づくりの協創～モズク産地として誇れる村づくり～」の題で、以下を報告しました。

〈全国の消費地を訪れた際や、産地へ来た消費者と積極的に交流し、消費者の声を聞くと同時に生産者の思いを伝え、安心安全で良質なモズクを作りたい生産者の意識の高まりや、養殖技術の研究と若者の漁協加入に繋がっています。

二〇〇九年（平成二一年）からの交流に延べ一〇〇〇人以上が参加し、以前は年間二〇〇トンを超えると生産調整しましたが、現在は最低六〇〇トンは必要で、顔の見える関係が消費拡大に貢献しています。私たちは仲間と協力し、更なる里海の協同の輪を広げます〉

他でもこうした意識改革が進めば、日本の漁業を変える一つの力になるのではないでしょうか。

恩納村漁協の教訓と生協への期待

漁協変革の教訓を比嘉さんから聞きました。

「一九八七年（昭和六二年）に漁協地域漁業活性化計画を作り、それに沿って取り組んできたことが大きいですね。最初は計画書の作り方が分からず、県からの指導に沿って資料を並べていましたが、自分たちで恩納村の漁業をこうしたいと具体的な内容に変えていきました。

私は大学で生物と同時に社会もきちんと見ることの大切さを教わり、また物事の循環を合理的に管理するマネジメントサイクルのＰＤＣＡも学んだので、これらを漁協の計画に利用しました」

経営でよく使うＰＤＣＡは、目標を目指して①計画（Plan）、②実行（Do）、③評価（Check）、④対策（Action）を具体化し、期間を決め一回転させて次のサイクルにつなげます。

二〇〇〇年（平成一二年）策定の美海（ちゅらうみ）ＰＡＲＴ2では、「組合員の幸せ」と「海を中心とした村作り」が目標で、美海計画↓整備↓生産↓販売とＰＤＣＡの考えで課題を並べています。こうした合理的な経営手法も利用し、漁協の事業を進めています。

生協への期待についても比嘉さんは語ってくれました。

「私たちは太モズクだけを育てる方が、生産性は高くて経営的には楽なのです。それでも糸モズクをあえて作るのは、内地の食べ物で豊かな食文化に貢献するためです。

同じ協同組合の生協の皆さんは、生活と食文化も大切にして私たちをきちんと理解していただき、一般のスーパーマーケットなどはできないことでたいへん感謝していますよ。これからも生協とぜひ協力していきたいものです」

比嘉さんの誠実さが、ここでも良く伝わってきました。互いが助け合う協同組合の相互扶助の精神であり、沖縄の言葉ではゆいまーるそのものです。

4　サンゴ再生の教訓を地域の活性化へ

恩納村と生協と恩納村漁協と井ゲタ竹内の協同（ゆいまーる）

二〇一〇年からの第三段目のジャンプは、恩納村漁協と井ゲタ竹内と生協に恩納村役場が参画し、四団体の協同によるサンゴ再生を基礎に地域の活性化が大きく進みました。モズク利用の基金でサンゴの再生を進める豊かな里海つくりから、農業や観光なども含めた地域発展の動きになってきたのです。

そこにはイメージ戦略による恩納村モズクのブランド化にとどまらず、村で生産方法を管理し地域性を消費者まで伝え、複数の産品の価値が長続きするローカル認証へと広がる動きも出ています。商品を作り食べる側からの発想を、原料を生産している地域社会からトータルに捉える新しい目線です。

こうした動きは貧困をなくし、地球を守り全ての人が平和と豊かさを受けるため国連が目標とするＳＤＧｓを、恩納村で具体化することにも重なり、経済だけでなく文化や環境などを含めたいくつもの大切な協同があります。

恩納村コープサンゴの森連絡会

「コープサンゴの連絡会」は二〇一六年（平成二八年）に、恩納村役場を加え四団体の「恩納村コープサンゴの森連絡会」にしました。それでも生協はパルシステム連合会・コープCSネット・東海コープの協議会のような存在で、方針や体制はまだ未整備でした。

その年の山形で開催の第三六回全国豊かな海づくり大会で、漁場・環境保全部門の環境大臣賞を連絡会は受賞し、国際サンゴ礁年二〇一八オフィシャルサポーターに環境省から任命されました。魚食国日本の食卓に安全で美味しい水産品を届けるため、水産資源の保護管理と海などの環境保全を大会は国民へ訴え、漁業の振興と発展を目的としています。賞状には、〈多年にわたり漁場保全に尽力し、海の環境保全に寄与するところまことに大なるものがありました〉とあり、社会から高い評価を受け連絡会にとって画期的でした。

二〇一七年（平成二九年）に第一回「恩納村コープサンゴの森連絡会」を開き、体制や方針を明確にして今日につながっています。

その総会の後で、モズクをはじめとする水産資源の保全と生物多様性の広がりの成果から、漁協を立会人とし村と連絡会の間で、以下のパートナーシップ協定を締結しました。

〈恩納村コープサンゴの森連絡会と恩納村は、サンゴ再生事業をとおして海の環境保護に取り組んできた。

パートナーシップ協定　2017年（コープCSネット提供）

この度、さらなる相互理解と信頼によって、地域の特性や産業を活かし、生産者と全国生協組合員、消費者との交流を図りながら、友好親善を深め、サンゴをシンボルとして恩納村から始める自然環境の保全と育成に取り組み、豊かな自然環境の維持と産業の発展を念願し、パートナーシップを締結する〉

一〇生協が協定に参画し、生協の組合員や役職員が恩納村を訪ねての「もずく基金」産地視察・生産者交流会もあれば、生産者が各生協を訪ねて「海人の料理交流会」の開催や、村の農産物の販売支援と恩納村主催の夏祭りへの出店など、村と生協との交流も深まっていきました。

恩納村コープサンゴの森連絡への竹内さんの期待です。

「恩納村の漁協と村役場に、全国各地の生協と我が社の四者が進める協創は、二九都府県に広がって養殖サンゴは三万本を大きく超え、モズクだけでなく他の海産物や農産物も含め、村の産物全体を視野に入れたローカル認証へ発展しようとしています。

ぜひこれからも協創の輪を、多くの皆さんと一緒に広げていきたいものです」

勝者と弱者を生む競争と、同じ発音ですが互いに協力して共に進む協創は、まったく異なり協同とほぼ同じ大切な意味でますます広がることでしょう。

恩納村

一九〇八年（明治四一年）にできた恩納村は、沖縄本島の中央部で西海岸に位置し、南北に二七キロで東西に四キロと細長い形をしています。恩納岳（三六三メートル）中心の連山が走り、二〇数本の短い河川に沿って海岸線の台地や低地に一五の区があります。村の二〇一六年（平成二八年）資料では、米軍と自衛隊の基地が面積の二八％を占め、多くは山間部です。

第二次世界大戦前の恩納村（恩納村提供）

沖縄を代表する景勝地として、南部の真栄田岬にある青の洞窟や、中部には象の形をした万座毛（まんざもう）もあります。海岸の全域が沖縄海岸国定公園となり、国道五八号線沿いに巨大ホテルがいくつも並ぶリゾート地で、〈風と光が流れ 時を忘れる村〉や〈青と緑が織りなす活気あふれる村〉がキャッチフレーズです。

一九七五年（昭和五〇年）の海洋博までは、約二〇〇〇世帯の八五〇〇人前後でしたが、観光リゾート施設がいくつもできて住民は増え、二〇二一年（令和三年）九月は五五三九世帯に一万一一〇二人です。二〇一二年（平成二四年）に沖縄科学技術大学院大学（ＯＩＳＴ）ができ、世界の各国から約五〇〇人の学生と教職員が集まっています。

アーサ・モズク・海ぶどうなどの水産業や、小菊などの花卉類とパッションフルーツやマンゴーなどの農業も盛んです。二〇一八年（平成三〇年）には村制施行一一〇周年を迎え、SDGsによる地域の活性化と、若者の定住促進や子育て環境の整備と教育充実の地方創生を進めています。

オンナの文字を水平に図案化し、左から右へ楔形に円へ切り込んだ村章は、平和を表す円で村民の団結を意味し、平和の中で村が飛躍し発展する姿を象徴しています。また村花は平和と純真を表す黄色いユウナ（右納　裏表紙参照）で、村木のフクギ（福木）は常緑色で大地に根を張り平和と繁栄を示しています。

非核平和宣言村の碑

第二次世界大戦で村も激しい戦場となり、一五歳から一八歳までの少年で構成した第二護郷隊の七〇人が恩納岳で亡くなり、全員の氏名を刻んだ慰霊碑が村の安富祖にあります。また核兵器メースBミサイルが、一九五三年（昭和二八年）から一九七五年（昭和五〇年）まで村の谷茶の丘に配備され、東シナ海へ向いた八本の大きな発射台は今も保存されています。

平和を大切にする恩納村は、一九九三年（平成五年）に非核平和宣言村を議会で決め、大きな石碑が恩納漁港の入り口に立っています。

また沖縄には伝統的な琉歌があり、代表的な女性歌人のナビが村で生まれたとされ、恩納ナビと今も人々に親しまれています。琉球王国時代の農民ナビは、庶民の情熱的な恋愛などを歌い、石碑が点在しているので村を〈琉歌の里〉と呼び、村の観光協会は一般と児童生徒の部門で琉歌大賞を毎年募り、優れた作品を集め公開しています。

歴史のある素敵な地域には、暮らしに根差した文化が育まれているものです。

今も続く地域の自治と協同（ゆいまーる）

住民の協力で恩納村では、昔からの各地域の自治とゆいまーるが今も大切にされています。

まず地域の素晴らしい自治は、村内一五の区で各自治会を組織し、区長や役員などを選出し運営しています。

その一つである村の中央の恩納区自治会は、規約に〈自治会運営の適正、かつ円滑な運営を図るとともに、会員相互の親睦と協力を強化し、生活水準の向上と会員の福祉増進に寄与することを目的〉とあります。意思決定の評議委員は、班選出六人、婦人会二人、村議会議員、村農業委員、成人会、青年会、体協、老人会、子ども会育成会が各一人です。鉄筋二階建ての上が体育館となった公民館や、野球場もあるグランドなども独自に管理し、五七二頁もの二〇〇七年（平成一九年）発刊の『恩納字誌』を見るとレベルの高さが分かります。

ゆいまーるの一つとして、役場近くの国道沿いに、五二二平方メートルの一、二階の店舗と、三階は一六九平方メートルの事務所などの恩納共同組合があります。住民が組合員となって出資し運営する共同売店で、沖縄では明治時代からあり、村では各区の店で戦後に配給物資の受け渡しもしました。恩納区では屋根のトタン・壁材・床材を購入し、木材は恩納岳から協力して切り出し、大工や地ならしは組合員の奉仕でおこない一九五〇年（昭和二五年）に最初の共同売店を建てました。

時代の流れで小さな共同店はなくなりましたが、恩納区では二二七人の組合員で今も経営し、食料品や生活用品などの購入と、住民が情報交換する場としても親しまれています。

恩納共同売店

一九八八年（昭和六三年）の住民の命と村を守る都市型訓練施設建設阻止闘争でも、地域の自治とゆいまーるが貢献しました。居住地と恩納ダムの近くに、米軍特殊部隊の都市型ゲリラ戦訓練施設ができ、それに対し村長を委員長とし恩納村・議会・農協・漁協・商工会などで、特殊部隊訓練場建設及び実弾射撃演習反対恩納村実行委員会を作り、村ぐるみの運動で撤去させました。

二〇〇二年（平成一四年）に高齢者などの食事や見回りで開所となった、沖縄県高齢者協同組合の配彩ナビイー事業所では、調理や敷地の草取りで近所の人が手助けをしています。

なおゆいまーるとは、協同を意味するゆい（結い）と順番のまーるを組み合わせた相互扶助の沖縄の言葉で、田植えや稲刈りなど主に農作業でしたが、他の仕事もしています。王政が納税のため集落の連帯責任制として使ったこともありますが、暮らしに役立つ助け合いとして人々は今も続けているのです。

恩納村役場を訪ねて

国道に面した山側に役場の敷地が広がっています。二〇〇〇年（平成一二年）完成の奥に向かって細長いコンクリート造りの三階建てで、薄いクリーム色の壁に赤茶色の屋根と、円形の屋根付き車寄せがアクセントです。私が初めて訪ねた二〇二〇年（令和二年）一一月上旬には、入口のシーサーの前でたくさんのヒマワリが花を咲かせ、玄関脇の石碑には村の二一世紀へのメッセージとして〈自然・調和・飛躍〉を刻んでありました。

地域活性化のため村では、第五次総合計画・基本構想「青と緑が織りなす活気あふれる恩納村――我した恩納村　青緑（あうみどぅり）清（ちゅ）らさ　肝心据（ちむぐるすいてぃ）えて　文化（花）ゆ咲かさ　平成二四年度（二〇一二）～平成三三年度（二〇二一）」を作り、優しさと誇り・人づくりと協働・共生と持続を掲げています。

サンゴの村宣言

村の総合計画の一つが、二〇一八年（平成三〇年）の「サ

恩納村役場（恩納村提供）

ンゴの村宣言　世界一サンゴにやさしい村」で、格調高い宣言文は以下です。

〈健全で豊かな自然環境の保全は、村民が健康で文化的な生活を営む上でも重要であり、この恵まれた自然環境を次世代に引き継いでいくことは、私たちの責務でもあります。

私たちは、改めて自然の恩恵なしでは生きていけないことを認識するとともに、自らの生活様式や社会経済活動のあり方を見つめ直し、行政・村民・事業者が一体となった、環境負荷の少ない持続的発展が可能な社会の構築に向け、自然環境に優しい地域づくりを目指します〉

サンゴの村宣言（恩納村提供）

サンゴを通して生活や社会の見つめ直しまで提唱した大切な投げかけとなっています。

地球規模で環境問題が大きな課題となっている今、村長の長浜さんに宣言の背景を聞きました。

「村民一人ひとりが、自然に対する意識を向上させ豊かな自然を守り育て、官民が一緒に地域資源を活かした恩納ブランドを確立したいと宣言しました。

私が生まれた頃の恩納村は、半農半漁で遊び場は海しかなく、父は当時漁師だったので私は子どもの頃から海に親しみ、シュノーケルを使ってエビやタコを一緒に捕って生計を立てていました。当時の海は、今の数十倍はサンゴがあったと思いますよ。

ところが土地開発による赤土流出や地球温暖化の海水温上

昇で、多くのサンゴが死にました。海の栄養源であるサンゴがなくなると海藻が減り、それを食べる魚介類も多くが姿を消したのです」

長浜さんは、サンゴのあった昔の豊かな海をしっかり覚えています。琉球大学を卒業後に浦添市で働き、恩納村の魅力を強く感じたと話を続けてくれました。

「水平線に沈む美しい夕陽や、色とりどりのサンゴと魚のいる海は見事です。都会に住み外から地元を見たとき素晴らしさを実感し、そんな景色が日常にあって魅力的です。四人の子どもにもそんな環境で育ってほしいと願い、同窓生たちの推薦で村の発展に貢献したいと議員にさせてもらいました。

漁業で経済を支えている村では、生活と海を切り離すことができず、住民の心には海とともに育ってきた思いがあり、私の父は海産物の料理屋を村で今も営んでいます」

二〇〇六年（平成一八年）に恩納村議員となった長浜さんは、二〇一五年（平成二七年）に四九歳で村長となりました。マンネリの村政を打開し、観光協会の設立や人材育成による地域創りを掲げ、当時の翁長(おなが)知事による普天間基地の県内移設反対を支持し、「村民の小さな声や若者の声を必ず吸い上げ、村政に反映します」と述べ、「青と緑の躍動する恩納村」《住んでよく、働いてよく、訪れてよい村》づくりを推進してきました。

さらに長浜さんはサンゴの重要性を話してくれました。

「議員の当初は、若者を巻き込んで観光業や漁業や農業を盛り上げたいと考えていましたが、まず自然を守らなければ村の産業は衰退することに気付いたのです。

村のどこでも見えるコントラストのある碧い海は、サンゴがないと鮮(あざ)やかさが失われ、白化のサンゴで長年かけてできた白い砂浜も黒ずみ、島を囲むサンゴ礁がないと海岸は強い波で地形が変わります。また透明度の高い海は、生き物に大切な栄養の少ない海で、生物に栄養を与えるサンゴがなくなれば、漁業や観光業にも影響が出るのです」

長浜善巳さん

さらに村だけの問題でないと長浜さんは話を続けました。

「サンゴ礁が隆起してできた沖縄本島の一部は、かつて海中のサンゴ礁が陸となり、石灰岩が雨を濾過し地下水源として蓄え人々に水を与えてきました。短い川も少ない沖縄で、石灰岩からの地下水は貴重な水源ですよ。

こうしてサンゴは昔から沖縄の生活と産業の基盤を作り、サンゴを失えば暮らしや産業は成り立たず、サンゴを守ることが村を含め沖縄を守ることにもなります。そのためサンゴの村のモデル地域にするつもりで『サンゴの村宣言』をしました」

サンゴの村宣言の、人々の暮らしや産業を守る目的が良く分かりました。行動的な長浜さんは、サンゴの村宣言をした年にダイビングの資格を取りサンゴの養殖などを手伝っています。

持続可能な開発目標（ＳＤＧｓ）の具体化

二〇一二年（平成二四年度）に村が決めた第五次総合計画基本構想・前期基本計画は、二〇二一年（令和三年）まで以下の基本目標を掲げました。

①教育・文化：歴史と文化が薫り英知を育む村
②保健・医療・福祉：皆が安心して暮らせる健康の村
③産業・経済：人々が集い活力ある豊かな村
④生活環境：美しい自然と共生する潤いのある村
⑤自治体運営：村民が参加し協働して築く村

これに沿って村は、二〇一七年（平成二九年）に第五次総合計画基本構想・後期基本計画を決め、村を象徴する恩納ブランドづくりを進めてきました。基本構想の将来像を〈青と緑が織りなす活気あふれる恩納村〉とし、サンゴ礁の海の碧さと山々の緑に象徴される豊かな自然環境を守り発展させ、歴史や文化と村民の絆を育み、観光リゾートやＯＩＳＴとの交流を通し村をより活性化させることです。そのため二〇三〇年に向け、①サンゴにやさしいライフスタイル、②世界水準のスマート・エコリゾート、③ネイティブ（土地の人）が活躍する三目標を定めました。

これらの課題を進めるため村では、横断的で統合的な恩納村ＳＤＧｓ推進本部を設置し、各課の係長中心の幹事会を設置しています。役場の外では、村内の関係機関や学校やＯＩＳＴなどと個別に連携し、生協やソフトバンクなど民間事業者の協力でサンゴの植え付けを支援しています。さらには沖縄県環境部や、環境に優しいダイビングとシュノーケリングの国際的な指標グリーン・フィンズ推進のため、国連環境計画（ＵＮＥＰ）やイギリスのリーフ・ワールド財団とも連携しています。

こうした諸課題の推進役は村の企画課で、その中心にいる村出身で係長の當山香織さんから、二〇二一年（令和三年）五月に話を聞きました。

「たくさんの協力を得て村では、サンゴの養殖や植え付けをしてきましたが、取り組みは関係者内に

當山香織さん

とどまり、住民への普及が不十分だったので子どもも対象にしました。先週からうんな中学三年の三学級で、村内産のパッションフルーツと、甘くて森のアイスクリームとも呼ぶアテモヤの普及と、環境に優しい日焼け止めクリームの開発を進め、半年後の商品化を目指しています。

生産者や食品メーカーやコープおきなわの協力も得て、子どもが村の現状と商品開発を理解し、自分たちの知恵と工夫で商品にして、地域の経済や環境に貢献しようとしています。子どもの地元への意識が高くなれば、やがて他の子どもや大人も変わっていくことでしょう」

子どもの意識を学校で高めることは大切で、さらに幼児向けの動きもあると當山さんは話してくれました。

「幼い子ども向けに、『サンゴの村宣言』のキャラクターであるサンゴの妖精Ｓｕｎｎａ（さんな）ちゃんを使ったアニメーションを作り、台本創りから音声の収録まで村内の事業者や住民の皆様にも参加していただき、二年間一緒に試行錯誤してきました。

アニメはユーチューブで公開し、恩納村・アニメ・サンゴと入力すれば誰でも見ることができます。保育所や学校などでも活用していただき、自然環境保全の普及と啓発になれば嬉しいです。またアニメを原作とした絵本も作成しました」

アニメは、「さんごってなあに？」と「おさかなはどこ？」の二本で、どちらも二分四〇秒の短編で、幼い子どもでも興味をもって楽しく見ることができます。

當山さんに、仕事のやりがいや今後について聞きました。

「一九九八年（平成一〇年）に役場の職員となった私は、しばらく数字を扱う事務職でしたが、二〇一七年（平成二九年）から企画課で働いています。アニメでは、サンゴが生き物であることやサンゴが育つ条件などを、子どもに知ってほしいと願っていました。アニメの発表会では、見た子どもがサンゴは生き物だと分かったと話し、やりがいを感じ嬉しくなりました。企画課は多くの調整があって大変ですが、成果が出るので楽しいですね。

変化し発展している村を、生協の皆様にもっと広く知っていただきたいものです」

協同を大切にした地域づくりにおいても、恩納村にはいくつもの貴重なヒントがあります。静かに微笑みながら話す小柄な當山さんから、凛（りん）とした芯の強さを感じました。

ミツバチでサンゴ保護

恩納村役場三階の屋上庭園には、白や黄や青に塗った木製の養蜂の三箱があります。村とＯＩＳＴが協力し、ミツバチを使い赤土流出防止でサンゴ保護するハニー&コーラル・プロジェクトで、二〇一九年（令和元年）から二万六〇〇〇匹のミツバチを育て、村のＳＤＧｓ未来都市計画の一つです。

桐野さんからプロジェクトについて聞きました。

「赤土流出は、田畑の耕作やホテルなどの開発が原因です。一九九五年（平成七年）に沖縄県赤土流出防止条例ができ、開発は規制されましたが農地は対象外なので赤土流出は続き、農業が八割も占めています。

対策に関係者の協力が必要で、二〇一七年（平成二九年）に副村長を会長として、農協・漁協・観光協会・農業委員会・区長会などによる赤土等流出防止対策地域協議会ができ、私も参加しています」

静岡県生まれの桐野さんは、南国に憧れ二〇〇〇年（平成一二年）から沖縄で暮らしています。赤土防止の協議会を市町村で立ち上げる県の事業があり、研修会後に認定した九人の一人で村の嘱託職員になりました。

Honey & Coral Projectの皆さん
前列右から２人目が桐野龍さん（桐野さん提供）

解決法がなく手探りの出発だったと桐野さんは話してくれました。

「大切な農業をやめるわけにもいかず、沖縄を象徴する赤瓦・魔除けのシーサー・やちむん陶器の材料が赤土で、地域の文化や伝統を守るためにも大切です。

そこで持続的で独創的な方法はないかと考え、以前に研修会で聞いたミツバチを思い出しました。様々な花に授粉し鳥や蝶などが集まり、植物多様性をもたらす環境監視昆虫のミツバチを使えば、増える遊休地を花畑にして養蜂や観光にも役立ち、赤土流出の防止になると考えたのです」

この協議会は養蜂（ようほう）講座を開き、農家の他に海人や加工業者など村内の一〇人が、二〇二〇年（令和二年）秋から蜂を育て始めました。蜂蜜を商品にすると同時に花畑で観光にも役立て、さらにミツバチの環境学習も学校でしています。赤土流出防止策が農業や観光業に役立てば、SDGsに繋がる解決策となり、サンゴの村づくりの一環として養蜂をより発展させる予定です。

インド原産で二メートルほどになるベチバーを、赤土流失防止用にグリーンベルトとして畑の周囲で成長させます。このベチバーを使ったしめ縄を地元の農家が作り、二〇二一年（令和三年）の正月に六〇本の利用がありました。

桐野さんに抱負を聞きました。

「小中学校の環境教育にも関わり、子どもには理屈でなく『蜂蜜は甘いよ！』と楽しんでもらえれば上等だと思います。そんな想い出に残る体験が、やがて大人になったとき役立つことでしょう。泥まみれになって溜池（ためいけ）での赤土の除去を、赤土体験プログラムとして生協の親子ツアーなどでしたいものです」

現場に根差した桐野さんの信念を持った言葉が印象的でした。

5　おわりに

協同は人類の英知

二〇一六年（平成二八年）に国際連合教育科学文化機関（ユネスコ）は、〈共通の利益の実現のために協同組合を組織するという思想と実践〉として、協同組合を無形文化遺産にしました。理由は、〈共通の利益と価値を通じてコミュニティづくりを行うことができる組織であり、雇用の創出や高齢者支援から都市の活性化や再生可能エネルギープロジェクトまで、さまざまな社会的な問題への創意工夫あふれる解決策を編み出している〉からです。

ところで協同組合の歴史は古く、一八世紀後半からイギリスの産業革命による社会問題を背景にして、協同組合の父と呼ばれたロバート・オウエン（一七七一～一八五八）は、協同社会を考え実践し一八四四年設立のロッチデール公正先駆者組合へとつながりました。

日本では貧しい農村の活性化のため、一八三八年に大原幽学（ゆうがく）（一七九七～一八五八）が千葉県でつくった先祖株組合や、一八四三年に二宮尊徳（一七八七～一八五六）が神奈川県で設立した小田原仕法組合があります。

こうした互助の協同による組織は、鎌倉時代にはすでに無尽講や頼母子講もあれば、沖縄県や奄美群島での模合（もあい、むえー）も古くからありました。さらにさかのぼれば、自然界のあらゆるものに霊や命が宿るとする精霊信仰のアミニズムは、争いでなく互いの存在を認め助けあうことを大切にしてきました。厳しい環境の中で食糧確保や身を守るため集落では、一族が協同して暮らしていたことでしょう。今日の日本人に大きな影響を与えた神道・仏教・儒教・道教は、教えが異なっても互いの助け合いを大切にしていることは共通しています。

そもそも動物には、協同につながる本能的な相互扶助があるとの説は、イギリスの自然科学者ダーウィン（一八〇九～一八八二）やロシアの政治思想家クロポトキン（一八四二～一九二一）が、蟹や蟻などの観察からも論じています。

ところで協同組合などの互助のスローガンに、〈一人は皆のために、皆は一人のために〉があります。皆を万人とした訳もありますが、元は古代ゲルマン民族の諺で、見ず知らずの多数者への呼び掛けでなく、家族や一族などで助け合う生活の知恵でした。顔の分かる小集団の中で互いの助け合いを確認するために使い、主語を入れて〈私は仲間のために、仲間は私のために〉とした方が真意に近いようです。

歴史書は権力者による政敵を倒す闘いの連続ですが、社会を支える大多数の庶民が平和に安心して暮らすには協同が大切でした。このため互に助け合って物事を進める協同は、庶民が生きていくための人類の英知で、これからも多種多様な協同が各地で展開していくことでしょう。

なお協同の形には、団体と団体もあれば個人と個人もあり、さらに協同する数が増えて多様なものもたくさんあります。類似した漢字の共同は力を合わせることだけに対し、協同は力を合わせて何かを成し遂げることを意味し、働くことをより強調する協働もほぼ同じです。

モズクとサンゴによるいくつもの協同の素晴らしさ

恩納村におけるモズクとサンゴに関わった協同の素晴らしさを、私なりにまとめてみます。

第一に、独自に技術開発した養殖モズクを通し、各地における生協組合員などの食卓を豊かにするだけでなく、利用者の協力による独自の基金を活用し、サンゴ再生による里海づくりにも活かして、さらに地域社会の活性化にもつなげています。

第二に、二つの協同組合である恩納村漁協と生協に、恩納村と井ゲタ竹内の四団体による協同で相乗効果をあげ、それぞれの団体が対等の関係で役割りを発揮し、独自の持続可能な生産と流通や消費における経済活動を作り発展させています。

第三に、同じ生協法人でも事業や自然環境などへの異なるこだわりはいくつもありますが、サンゴの再生を通した里海づくりの共通点で多くの生協が協同しています。

こうした恩納村におけるモズクとサンゴの展開は、一七の目標があるＳＤＧｓのいくつかの項目においても以下のように評価できます。

〈８　働きがいも経済成長も〉：モズク漁などによって漁業経営が安定し若者が増えています。

〈９　産業と技術革新の基盤をつくろう〉：持続可能な産業化を進めるとともに技術革新の拡大も掲げているので、漁協のモズクやサンゴなどの養殖技術の開発が当てはまります。

〈11　住み続けられるまちづくりを〉：漁業で生計を維持することができ、若い後継者も村で育っています。

〈12　つくる責任　つかう責任〉：持続可能な生産と消費を確立することで、これらの責任を守っています。

〈14　海の豊かさを守ろう〉：海洋と海洋資源を持続可能な開発に向け保全し利用することで、モズクの養殖とサンゴの再生があてはまります。

〈15　陸の豊かさも守ろう〉：陸上生態系の保護や土地劣化の阻止を図ることで、ハニーコーラルや赤土流出防止のプロジェクトが該当します。

〈17　パートナーシップで目標を達成しよう〉：持続可能な開発に向けグローバル・パートナーシップを強めることで、恩納村漁協・各地の生協・恩納村・井ゲタ竹内の協同を中心とし、さらには海外とのネットワークを築きつつあることからも合っています。

こうして恩納村のモズクとサンゴの取り組みは、ＳＤＧｓの七項目にも沿った貴重な活動で教訓的です。

協同の力で地域おこし

モズク利用からサンゴ再生への意義をさらに発展させると、漁業や自然を守るだけでなく大切な地域おこしとなります。戦後の日本における行き過ぎた経済優先により、たくさんの大切な自然やコミュニティが壊されてきました。そのため経済格差だけでなく、暮らしや文化などでいくつもの問題が発生し、改善するため住民を主体にした地域おこしが重要で全国各地の課題となっています。このため恩納村での取り組みは、きっとヒントになることでしょう。

日本ではあまり知られていませんが、世界では農民主体による農業の活性化のためアグロエコロジーがよく使われています。アグロは農業でエコロジーは生態学ですから、直訳すれば農業生態学です。イメージとしては環境に優しい農業ですが、取り組んでいる内容はそれだけに留まらずに、教育や伝統文化などについて住民が主体となり、人々も元気になる地域おこしをしています。ここでも協同を何よりも大切にしているのです。

恩納村を訪ねた生協の人たちが、協同の原点に触れ元気になって喜んでいることは、何人もの感想文からもうかがうことができ、それぞれの地域に戻り協同の輪をさらに広げていることでしょう。こうしたお互い様の関係性が地域や暮らしには何よりも大切であり、恩納村での学びが各地の地域おこしの手助けにもなります。

生協のこだわる産直は、物の取り引きや産地の環境を守るだけでなく、互いの地域おこしにも貢献することで、同時に人が元気になることだと私は考えます。安心・安全の生協から地域づくりの生協へ飛躍するためにも、恩納村モデルをより多くの方に知ってもらい、さらなる協同の輪が広がってほしいものです。

協同組合の原点

国際協同組合同盟（ＩＣＡ）は協同組合の定義を、〈共同所有され民主的に管理されている企業を通じて、共通の経済的、社会的、文化的ニーズと願望を満たすために自発的に団結した人々の自律的な団体〉としています。

　恩納村漁協と生協は、生産したモズクを商品として流通させて消費し、同時にサンゴの再生による里海づくりにつなげ、モズク利用の地域や料理を広げ食文化と海を豊かにすることで、〈共通の経済的・社会的・文化的ニーズと願い〉を満たし、協同組合の原点をふまえているといえます。

　協同組合原則では、第六の協同組合間協同や第七のコミュニティーへの関与にもあてはまります。

　また二〇〇九年（平成二一年）の国連総会で、二〇一二年（平成二四年）を国際協同組合年（ＩＹＣ）と定め、貧困、金融・経済危機、食糧危機、気候変動など現代社会の問題解決に向け、協同組合による大きな役割発揮を期待しました。ＳＤＧｓの考えに恩納村のモズクとサンゴ再生の取り組みが沿っていることからも、世界の課題に即した協同組合らしい活動です。

　なお国連は、二〇二二年（令和四年）を「零細漁業と養殖の国際年」としています。二つの協同組合が協同している恩納村の取り組みが、ここでも輝くことでしょう。

生協の原点

　生協法第一条の目的には、〈国民の自発的な生活協同組織の発達を図り、もって国民生活の安定と生活文化の向上を期する〉とあります。現在の組合員だけでなく将来の組合員も含めた国民が対象で、安心安全な食品による生活の安定と、個人や家族の暮らしを豊かにする生活文化の向上が、これからの生協にますます求められています。

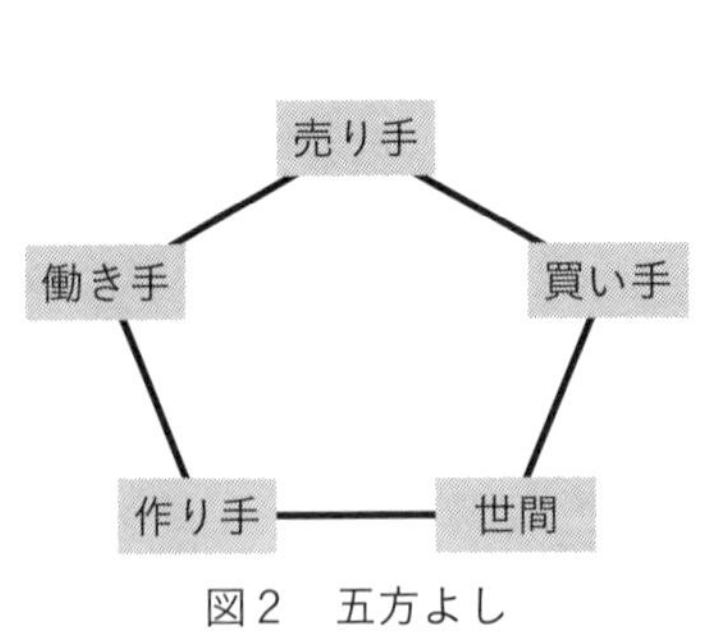

図２　五方よし

現代マーケティングの父と呼ばれるアメリカの経営学者コトラーは、①ベストな商品を売る製品中心のマーケティング1・0、②マーケットに適した消費者志向のマーケティング2・0、③顧客のニーズや欲求に応えつつ社会や環境に配慮する人間中心のマーケティング3・0、④デジタル戦略の高度な技術で個別の自己実現のマーケティング4・0へ発展するとしています。

この説を日本の生協に当てはめると、組合員のニーズに応えた安心・安全なコープ商品はマーケティング2・0で、SDGsにも沿った恩納村のモズク商品はマーケティング3・0になるでしょう。

ところで商業でも長い歴史のある日本には、いくつも経営哲学が昔からあり、その一つが中世から活躍した近江(おうみ)商人による、売り手よし・買い手よし・世間よしの〈三方よし〉です。これに作り手よしと働き手よしを加えた〈五方よし〉が、生協にとっても大切だと私は考えています。地域社会と共に歩む生協として、〈五方よし〉のバランスがより求められるのではないでしょうか。

すでに恩納村では、村の生産品をブランドとして保証するだけでなく、産品の地域性を消費者へ伝える仕組みであるローカル認証も具体的に動き始めています。「五方よし」の一つの貴重なモデルでもあり、協同の力でさらに発展することでしょう。

サンゴまん中の協同のさらなる発展に向けて

恩納村におけるサンゴまん中の協同のさらなる発展に向けて、どのような課題があるのでしょうか。

第一に、恩納村コープサンゴの森連絡会に代表されるように、恩納村漁協・生協・恩納村・井ゲタ竹内の協同による取り組みを一人でも多くの方が知り、美味しいモズクを利用しサンゴ再生の輪をより広げることです。

第二に、恩納村における協同からの学びを、支援した人が地元で小さくても活かすことです。被災地へ支援で入ったボランティアが貴重な学びをし、自分の住んでいる場所へ持ち帰って活かすことと同じ大切な構図です。

第三に、サンゴまん中の協同は、経済だけでなく環境や文化や人間などをバランスよく大切にした協同経営で、これからの社会にますます求められていくものであり、より多くの団体や個人のヒントになります。環境や人にしわ寄せを与える経済効率最優先の資本経営と異なる協同経営は、経済の本来の姿である世を経(おさ)め民を済(すく)う経世済民の理念にも重なり、志のある人の理解と共感をきっと呼ぶことでしょう。

このためブックレットは以下の方々に読んでいただき、モズクの利用でサンゴ再生をより広げると同時に、多様な協同を各地で考え実践するきっかけになればと切に願っています。

①生協の役職員の方へ：生協を維持発展させるためには動向把握と原点回帰が大切で、協同組合の原点がここにあり、自らの仕事に自信と誇りをより持つことができます。

②生協の組合員の方へ：家族の喜ぶモズクの利用が、海の環境を守るサンゴ再生につながり、食卓から自然環境に貢献できます。

③生産者やメーカーなど生協に関連する方へ：国民の生活の安定と生活文化の向上を期待されている生協の産直、一つの理想像がここにあり、双方に有益な関係を築き地域社会に貢献できます。

人の心身を健康にするため自己免疫力があるように、健やかな団体や地域社会を育むため協同があります。恩納村におけるサンゴまん中の協同が、形を変えて各地に広がってほしいものです。

あとがき

恩納村を訪ねる中で、碧く美しい海底をぜひ散策したいと考えました。酸素ボンベを背負って潜るには資格がいるのでダイビングショップを訪ねると、六〇歳までが条件なので七二歳の私はすぐ断られてしまいました。まだ若いと自分では思っていましたが、もうそんな高齢者になったのかとがく然としたものです。

サンゴを調べる船があって同行させてもらいました。水中メガネを付けて恩納漁港の少し沖にある「コープサンゴの森」で潜り、白い砂の上に広がる薄緑などの多数の養殖サンゴと、ブルーやオレンジ色の魚たちを見ることができました。近くに手を伸ばしても、魚たちは驚く様子もなくのんびりと泳いでいます。一面に広がる幻想的な世界を満喫しました。

沖縄の海で私は、米軍機が訓練する伊江島やアメリカ軍新基地造成中の辺野古でも潜ったことがあります。それらに比べ恩納村の海は、何か優しく包んでくれる感じがしたものです。まだ研究中で分からないこともあるようですが、サンゴが出す新鮮な酸素などは、モズクなど海中の生物にとって大切な環境をつくっているようです。

初めて恩納村のモズクやサンゴ再生を聞いたのは、二〇二〇年（令和二年）八月にコープCSネットを訪ねたときでした。小泉さんがモズクとサンゴについて熱く語り、広島の美酒もあって私は本にしたいと強く思ったものです。「環境に優しい生協らしい取り組み」といった抽象的なイメージが、コープサンゴの森の海に潜って実感できました。

二〇二一年（令和三年）五月に私は恩納村へ取材で二週間滞在し、満月のサンゴの産卵を見たいとシュノーケルのツアーを申し込みました。大きな月は出ていましたが、夕方と夜中とも残念ながら卵は出ず次の楽しみとなりました。


恩納村漁協・各地の生協・恩納村・井ゲタ竹内の間で、モズクとサンゴ再生に関わるいくつもの素敵な協同が展開され、これからもその輪が大きくなり、〈琉歌の里〉と同様に〈協同の里〉にもなることでしょう。村では観光が大きな産業となり、その観る光には、すてきな風景だけでなく、人々の営むすばらしい協同も加えてよいのではないでしょうか。

ところで協同の協は、力を三つ並べて多くの力を合わせる意味があり、仕事だけでなく暮らしや地域社会などの中でも大切な役割りを果たします。協同社会への祈りをこめた心優しい「協道」が、無数に広がることを私は念じています。

ブックレットに登場させてもらった以外にもたくさん方に、仕事の忙しい中でコロナの心配もありながらご協力していただき、やっと完成させることができました。ほんとうにありがとうございました。


二〇二一年（令和三年）一一月一日　沖縄における軽石被害を心配しつつ　西村一郎

資料

①恩納村コープサンゴの森連絡会加盟団体　2021年10月現在

①恩納村（沖縄県）、②パルシステム連合会（東京都）、③コープＣＳネット事業連合（広島県）、④東海コープ事業連合（愛知県）、⑤生活協同組合連合会アイチョイス（愛知県）、⑥コープ北陸事業連合（石川県）、⑦生活協同組合コープしが（滋賀県）、⑧京都生活協同組合（京都府）、⑨生活協同組合コープこうべ（兵庫県）、⑩生活協同組合おおさかパルコープ（大阪府）、⑪大阪よどがわ市民生活協同組合（大阪府）、⑫生活協同組合コープおきなわ（沖縄県）（オブザーバー）、⑬恩納村漁業協同組合（沖縄県）、⑭株式会社井ゲタ竹内（鳥取県）

②恩納村コープサンゴの森連絡会体制　2021年10月現在

連絡会役職員	法人・団体名	氏名	役職名
会長	パルシステム連合会	渋澤　温之	代表理事専務理事
副会長	コープＣＳネット	小泉　信司	理事長
副会長	東海コープ事業連合	小野　修三	専務理事
副会長	恩納村漁業協同組合	金城　治樹	代表理事組合長
事務局長	コープＣＳネット	塩道　琢也	専務理事
幹事	京都生協	大島　芳和	専務理事
幹事	株式会社井ゲタ竹内	竹内　周	常務取締役
顧問	沖縄県　恩納村	長浜　善巳	村長

③サンゴ植え付け本数

団体＼年	2010以前	2010	～	2019	2020	計
恩納村漁協	2,181	43		168		9,139
コープおきなわ	30					30
パルシステム連合会		1,300		1,000	1,000	12,308
コープCSネット		40		780	740	7,191
東海コープ		23		321	338	2,679
コープこうべ				115	460	1,643
京都生協				127	140	705
おおさかパルコープ 大阪よどがわ市民生協				54	80	553
コープ北陸				102	110	518
コープしが				19	20	93
アイチョイス				29	60	106
合計	2,211	1,406		2,715	2,980	34,965
累計	2,211	3,617		32,017	34,965	

④恩納村のモズクの年別生産量（トン）

種類＼年度	1989	～	2018	2019	2020	2021
糸モズク	123		303	9	257	334
太モズク	369		368	899	715	764
恩納モズク			22	27	31	3

⑤恩納村のもずく基金の代表的対象商品リスト

他の生協も、これに準じたPB商品を利用

No.	団体	商品名
1	パルシステム	恩納村の早採れ糸もずく　45g × 4
2	パルシステム	恩納村の早採れ糸もずく　45g × 6
3	パルシステム	恩納村の早採れ糸もずくシークヮーサー　40g × 4
4	パルシステム	パルシステム　恩納村の太もずく　55g × 6
5	パルシステム	パルシステム　恩納もずく　45g × 4
6	パルシステム	パルシステム　恩納もずく　45g × 6
7	パルシステム	恩納村でしか採れないもずくシークヮーサー　40g × 4
8	東海コープ	東海コープ　恩納村糸もずく三杯酢　55g × 4
9	東海コープ	東海コープ　恩納村糸もずくゆず　55g × 4
10	東海コープ	サンゴが育てた糸もずく三杯酢　50g × 3
11	東海コープ	サンゴが育てた糸もずく土佐酢　50g × 3
12	東海コープ	お弁当用もずく　三杯酢・中華味　18g × 10
13	東海コープ	お弁当用もずく　三杯酢・梅しそ味　18g × 10
14	東海コープ	もずく屋井ゲタ　もずくの極　60g × 3
15	東海コープ	サンゴが育てた太もずく　60g × 3
16	東海コープ	東海コープ　恩納もずく三杯酢　40g × 4
17	東海コープ	恩納村でしか採れないもずくシークヮーサー　40g × 4
18	コープCSネット	恩納村産味付糸もずく三杯酢　55g × 4
19	コープCSネット	恩納村産味付太もずく三杯酢　55g × 4
20	コープCSネット	恩納村産味付太もずくしそ風味　55g × 4
21	コープCSネット	恩納もずく三杯酢　40g × 4
22	コープCSネット	サンゴが育てた糸もずく　50g × 3
23	コープCSネット	お弁当用もずく三杯酢　18g × 10
24	コープCSネット	お弁当用もずく（三杯酢・中華味）　18g × 10
25	コープCSネット	味付太もずく三杯酢　65g × 6
26	コープCSネット	サンゴが育てた太もずく　60g × 3
27	コープCSネット	味付太もずく　シークヮーサー　65g × 4
28	コープCSネット	味付太もずく　紀州梅　65g × 4

著者略歴

西村 一郎（にしむら・いちろう）

連絡先　西村研究所・自宅
e-mail：info@nishimuraichirou.com

略歴

1949年4月29日　高知県生まれ
1970年　東大生協に入協
1992年　公益財団法人生協総合研究所　研究員
2010年　生協総研を定年退職
その後、フリーの生協研究家・ジャーナリストで今日に至る

所属　日本科学者会議　現代ルポルタージュ研究会　他

生協関連最近の著書

『協同っていいかも？』合同出版　2011年、『悲しみを乗りこえて共に歩もう』合同出版　2012年、『被災地につなげる笑顔』日本生協連出版部　2012年、『3・11忘れない、伝える、続ける、つなげる』日本生協連出版部　2013年、『福島の子ども保養』合同出版　2014年、『宮城　食の復興』生活文化社　2014年、『協同の力でいのち輝け』合同出版　2015年、『愛とヒューマンのコンサート』合同出版　2016年、『広島・被爆ハマユウの祈り』同時代社　2020年、『生協の道』同時代社　2020年、『あしたへつなぐおいしい東北』合同出版　2021年

沖縄恩納（おんな）村・サンゴまん中の協同（ゆいまーる）
——恩納村漁協・生協（コープ）・恩納村・井ゲタ竹内の協創

2021年12月1日　　初版第1刷発行

著　者　　西村一郎
発行者　　川上　隆
発行所　　株式会社同時代社
〒101-0065　東京都千代田区西神田2-7-6
電話　03(3261)3149　FAX　03(3261)3237
装丁　　クリエイティブ・コンセプト
組版　　いりす
印刷　　中央精版印刷株式会社

ISBN978-4-88683-911-4